未来能源 让世界动起来

 探索月球 神秘而强大

 神奇地球 蔚蓝的家园

 神秘机器人 工智能和超级操好帮手

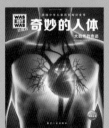 奇妙的人体 大自然的奇迹

 深海之谜 生机勃勃的黑暗国度

 太空之旅 深入宇宙的探险

 走进热带雨林 地球的绿色宝藏

 宇宙中的星体 打开探索宇宙的大门

 伟大的发明 天才与灵感的杰作

 神奇的火车 沿着铁轨奔向未来

 沙漠之旅 沙丘、绿洲和无尽的远方

 显微镜探秘 肉眼看不见的微小世界

 野生动物 从未被训探的野性

 奇趣萌宠 人类的好朋友

 鸟类不简单 天空中的杂技演员

 神秘的古埃及 尼罗河畔的金色帝国

 印第安人 北美原住民

 伟大的探险家 跟着他们的脚步，探索全世界

 未来世界 一切皆在变化之中

 蛇的故事 拥有致命毒液的猎手

 考古探秘 发现历史的宝藏

 马的生活 人类实的伙伴

 舞蹈的魅力 合拍起舞

 生物质资源 植物动力引领未来 2023 NEW

 石器时代 火的控制与使用 2023 NEW

第一辑·全10册
第二辑·全10册
第三辑·全10册
第四辑·全10册
第五辑·全10册
第六辑·全10册
第七辑·全8册

 WAS IST WAS

学习 好奇 科学 改变未来

U0185746

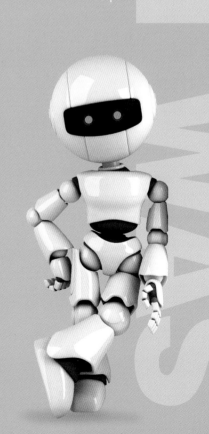

WAS IST WAS 珍藏版

美丽的蝴蝶

色彩斑斓的自然精灵

〔德〕尼科尔·兰蒂斯/著 张依妮/译

航空工业出版社

方便区分出
不同的主题!

真相大搜查

18

鳞翅目昆虫会经历不同的生命阶段:受精卵、幼虫、蛹和成虫。在长出翅膀之前,它们是咔哧咔哧不停嘴的毛毛虫!

美餐一顿!鳞翅目昆虫用它那像吸管一样的口器吸取花朵中甘甜的蜜汁。

10

符号 ▶ 代表内容特别有趣!

蝴蝶艰难地破蛹而出,展翅飞翔!

25

积蓄了那么久的力气,就是为了破蛹而出,来到美丽的新世界!一起来见证破蛹成蝶的神奇吧!

27 正在翩翩飞舞的是哪种蝴蝶呢？一起去认识身边斑斓多姿的蝴蝶吧！

小红蛱蝶

这是一种迁徙蝴蝶，它们春天和夏天会生活在欧洲。当气温下降时，它们成群结队向南飞，一直飞到气候温暖的北非过冬。在迁徙途中，它们要飞越阿尔卑斯山，还要风雨不停地飞过地中海。

31 不是说鳞翅目昆虫只喜欢花蜜吗？哪有的事！数不清的鳞翅目昆虫会一同落在大象的粪便上，从中吸取营养物质。

44 现在，鳞翅目昆虫的生存空间越来越小：地球上的森林和沼泽面积不断缩小，广袤的农田上只种植油菜和谷物，许多蝴蝶与蛾将面临灭顶之灾。

重要名词解释！

这是什么品种的鳞翅目昆虫呢？伊丽莎白·屈恩（上图左二）和她的助手们正在一起研究一只刚被捉住的蝴蝶。

扑蝶网、玻璃杯和放大镜

研究蝴蝶和蛾子的昆虫学家会是什么样的呢？听到这个职业，我们想到的可能是一位拿着扑蝶网跑来跑去的教授，把捉到的蝴蝶或者蛾子用大头钉钉在纸板上，然后把钉满一排排昆虫的纸板放入玻璃柜里。伊丽莎白·屈恩从来不用这种研究方法，捉到一只蝴蝶后，她会把它倒扣在一个透明的玻璃杯里，然后手持放大镜仔细观察这个美丽的小家伙。在它完成科学研究的使命之后，伊丽莎白会敞开瓶口让它飞走，回归大自然。这位科学家随时随地都在进行她的蝴蝶研究，无论是在森林中，在草地上，还是在花园里，她总能和她最喜欢的蝴蝶一起探索科学的奥秘。

美丽又迷人

当伊丽莎白还是个小女孩的时候，她就喜欢观察那些色彩斑斓的蝴蝶和蛾子。长大之后，

她成为了一位昆虫学家。自从对大蓝蝶进行深入的研究，看到它们为了生存使出各种诡计之后，她觉得再也不能小瞧这些小东西了。这种极为罕见的蝴蝶幼虫有一个过冬妙招：它能释放出一种独特的物质，与蚂蚁幼虫发出的味道相似，可以诱使蚂蚁将它拖入温暖的蚁巢里。蚂蚁建造的地下宫殿简直就是大蓝蝶幼虫完美的安乐乡。傻兮兮的蚂蚁们把大蓝蝶幼虫拖到家中，却没想到成了它

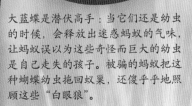

求知若渴

伊丽莎白从小就坐不住，总喜欢跑到外面东看看西摸摸。现在，她是一位生物学家，每天的工作就是在森林和草地上研究她最喜欢的动物——鳞翅目昆虫！

大蓝蝶是潜伏高手：当它们还是幼虫的时候，会释放出迷惑蚂蚁的气味，让蚂蚁误以为这些奇怪而巨大的幼虫是自己走失的孩子。被骗的蚂蚁把这种蝴蝶幼虫拖回蚁巢，还傻乎乎地照顾这些"白眼狼"。

观察和研究鳞翅目昆虫也能推动自然科学的发展进程：人们来到田野，跟着这些飞舞的小蝴蝶，观察它们，研究它们。

的美餐。大蓝蝶幼虫摄取足够的营养后就会化成蝶蛹，在蛹里面慢慢发育，随后会挤裂蛹壳，羽化成蝶。伊丽莎白观察过大蓝蝶幼虫的生长过程后感叹道："真是不可思议！"这种堪称计谋大师的蝴蝶正在英国大量繁衍。

数一数有多少鳞翅目昆虫

伊丽莎白从小的梦想就是研究鳞翅目昆虫。成为一名科学家之后，她一直在寻找一些问题的答案：曾经常见但现在都不见了的鳞翅目昆虫绝迹了吗？不断变化的气候会不会催生出新的鳞翅目昆虫？为了解答这些问题，伊丽莎白花费了大量的时间四处观察鳞翅目昆虫，还要记录它们的数量。仅凭自己的观察和记录无法解答她心中的疑惑，所以她召集了各地的志愿者记录身边鳞翅目昆虫的种类和数量。所有参与到"观察蝴蝶"项目中的研究人员和志愿者需要坚持每周沿着既定的散步路线，记录在散步期间见到了多少只蝴蝶，并将观察到的数据输入到专为这个项目设立的网络数据库中，这些数据对于伊丽莎白·屈恩的下一步研究有极大的帮助。

小心：鳞翅目昆虫是非常娇嫩的动物！如果你想仔细观察这些柔弱的昆虫，那最好用扑蝶网将它们捉住，然后小心翼翼地将它们置于拥有放大镜功能的透明玻璃杯里。

黑脉金斑蝶的故事

有时候，这位女科学家只想像小时候那样看着这些或动或静的小动物，纯粹地惊叹于它们给世界带来的美。她梦想有一天能够去北美洲研究黑脉金斑蝶的迁徙过程。这种蝴蝶前后双翅正面有显眼的橙色和黑色斑纹，翅膀主体呈黄、褐、橙色，翅脉及边缘呈黑色，边缘还有两串细白点。每年都有数百万只黑脉金斑蝶迁徙到内华达山脉过冬。在迁徙途中，每当蝴蝶们休息的时候，它们会密密匝匝地停栖在树木和房屋表面，远远看去，树木和房屋好像披上了彩色的衣裳。伊丽莎白可不想带着扑蝶网和放大镜去北美洲做研究，她更愿意用相机记录下这些美丽生物的靓影。

研究黑脉金斑蝶的迁徙之旅是伊丽莎白·屈恩梦寐以求的科研经历。成百上千的蝴蝶远距离迁徙之后，停栖在一片小水洼处休息，互相依偎在一起，喝着水，扑腾着翅膀。多么壮观而令人难忘的场景啊！

如何区分蝴蝶与蛾?

①

每当提及蝴蝶时,浮现在我们脑海中的景象都是色彩缤纷的蝴蝶扇动翅膀,在阳光下飞舞。世界上有大约 180000 种蝴蝶,其中只有大约 18000 种蝴蝶的翅膀是彩色的,它们喜欢在白天活动。还有大量的蝴蝶与蛾子的外观十分朴素,它们更喜欢在夜晚活动,比如尺蛾、天蛾或灯蛾科昆虫等,通常日落之后才看得到。

黑夜的掩护

对于人类而言,我们每次在灯前月下看见"蛾子"扑腾,不但没有白天看到它们美丽灵动的亲戚们的那种欣喜,往往还会心生厌恶。但这些动物喜欢黑夜的生活确实有它们的道理。白天活动的蝴蝶们一旦遇到饥饿的鸟类或者胡蜂,就会沦为猎物。相较而言,蛾子葬身鸟腹的风险要小得多,因为到了夜晚,那些以蝴蝶和蛾子为食的动物已经休息了。事实上,大量弱小的昆虫也多为夜行性动物,它们碰巧遇上夜里觅食的蛾子,于是沦为了夜行性蛾子的腹中美餐。太阳还没落山之前,这些蛾子静静地潜伏在树皮上,隐藏于树叶之间,凭借灰色和褐色的伪装色,天敌很难发现它们。

泾渭分明的蝴蝶与蛾?

鳞翅目昆虫是不是可以分成两类:一类是白天飞舞的蝴蝶,另一类是夜晚出没的蛾子?蝴蝶长得明艳鲜亮,蛾子形似枯叶朽木?其实,蝴蝶和蛾子的区别并非泾渭分明,有些夜行性飞蛾的翅膀色彩斑斓,也有些蛾子更喜欢在白天活动。

斑蛾翅膀鲜艳夺目,它往往会在下午出来活动;马达加斯加日落蛾是一种昼行性飞蛾,它是最美丽、最光彩夺目的鳞翅目昆虫之一,外形绚烂艳丽。不过,这两种昆虫都属于蛾子。

亮出你的触角!

如果你想像昆虫专家一样,分清某种鳞翅目昆虫究竟属于蝴蝶还是蛾子,那你就要仔细观察这些动物的触角:蝴蝶的触角往往呈棒状;而蛾子的触角主要呈丝状,也有一些蛾子的触角呈羽毛状。另一个可靠的辨别方法是观察这些鳞翅目昆虫休息时的姿态:大部分蝴蝶翅膀向上收拢,立于身体上方,此时人们看到的是蝴蝶展开翅膀时朝下的那一面(背面);而蛾子无论停在什么地方,它的翅膀就像房子的斜屋顶一般罩着它的身体。蝴蝶和蛾子还有一点区别:蝴蝶的身材往往纤细修长;蛾子的身体则显得胖嘟嘟的。

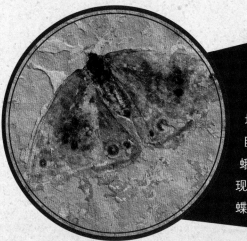

②

翅膀的姿态

蝴蝶的翅膀大多色彩艳丽,当它停栖时,翅膀向上收拢,立于身体上方(1)。蛾子的翅膀大多色彩灰暗,当它停栖时,翅膀几乎平行于身体的支撑面,将身体盖住(2)。

不可思议!

远古时期的蝴蝶与蛾:在霸王龙横行大地时,柔弱的鳞翅目昆虫就已经晃荡在这些巨兽的眼前了!科学家通过考古发现,第一批蛾子在 1.4 亿年前就生活在地球上了。蝴蝶出现的时间则晚得多,在大约 5000 万年前,蝴蝶才开始为世界增添靓丽的光彩。

棒状

用白色的布袋罩住明亮的灯光，在袋子与地面之间留一条缝隙，一个捕蛾的陷阱就制成了！很多甲虫和其他种类的昆虫也会被它迷惑，自投罗网。

羽毛状

触角

蝴蝶的触角又细又长，触角的末端相对粗一点，看上去像一根小圆棒（1）。蛾子的触角看起来更像丝线（2），还有一些蛾子的触角看上去很像羽毛（3）。

如何在夜晚观察鳞翅目昆虫? 支个小妙招!

你觉得在黑暗里找一只小飞蛾会不会很难？看到这本书之后，你只要略施小计便可大有收获。不用东寻西找，这些小动物会自投罗网！蛾子喜欢吃腐烂的水果，所以你可以将腐烂的水果和糖拌在一起，制造出让蛾子们无法抗拒的诱饵：将苹果酱放在密封的碗里，置于阳光下发酵几天，往里面加几勺糖浆，找一把旧刷子，把这一碗黏糊糊的东西刷在树干上，然后就等着饥饿的蛾子来聚餐吧！你也可以用铁圈和浅色的布袋制成一个灯罩，然后用强力灯点亮灯罩，你的专属捕蛾利器就完成了。在没有月光的晚上或者雷雨将下未下的时候，蛾子们就好像得到了什么特定指令，成群结队地往你做的罩子里钻。建议你最好使用荧光灯作为光源，这样灯管不会马上就变得很热，可以避免把蛾子烫伤或烫死。

夜晚出来活动的鳞翅目昆虫都长得灰不溜秋吗？才不是呢！生活在西班牙和法国南部的伊莎贝拉蝶其实是一种蛾，它被誉为欧洲美丽无双、璀璨无比的精灵。

从口器
到翼梢

鳞翅目昆虫的体型和其他昆虫非常相似，大致可分为头部、胸部和腹部，躯干上都长着六条腿，全身上下披着一副铠甲。这副铠甲其实是水和空气无法通过的角质层，也就是昆虫的外骨骼。这副外骨骼确保它们的身体具有稳定的形态，同时为内脏提供保护。

鳞翅目昆虫的角质层上有一层鳞片。这些鳞片覆盖在蝴蝶或者蛾子的躯干上，形成了数以百万计微小而扁平的毛发，构成这些细微毛发的物质和构成铠甲的物质一样，都是几丁质。蝴蝶和蛾子这类昆虫的学名叫作鳞翅目昆虫，也就是翅膀上有鳞片的昆虫，这个词来源于希腊语，意思是"覆盖着鳞片的翅膀"。鳞翅目昆虫翅膀上的鳞片色彩艳丽，特别引人注目，我们可以通过这些昆虫翅膀上不同的图案判断它们所属的种类。我们也可以通过口器来判断这些昆虫的亲缘关系，鳞翅目昆虫的口器既可以朝内卷起来，也可以朝外舒展开。

多角色演员

这些鳞翅目昆虫刚出生的时候，它们的真实模样和我们印象中的样子完全不同：它们在发育的过程中要经历巨大的转变——变态。它们会从一颗颗受精卵中慢慢发育，先变成胖乎乎的幼虫，看着幼虫的模样，你根本无法想象眼前这个一拱一拱往前爬的虫子会在天空中扑腾着翅膀飞舞。经过一段时间之后，这些幼虫会结茧成蛹。小昆虫们的身体会在这段时间发生根本性的转变，慢慢破茧而出，飞向天空！

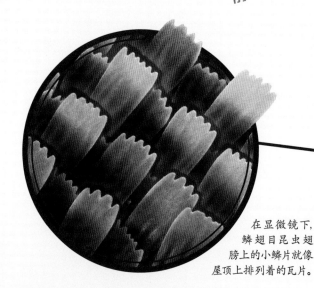

翅膀上网格状的血管就像缝在彩色被面上的黑线。

翅 膀

鳞翅目昆虫的翅膀十分纤弱，色彩艳丽，有着美丽的图案，通过胸部的关节与身体相连。翅膀上均匀地分布着硬硬的细小血管，正是这些硬血管构成的脉络为整个翅膀提供了足够的强度。鳞翅目昆虫的翅膀可分为前翅和后翅，其中，蛾子的前翅和后翅往往连接在一起。

前 翅

在显微镜下，鳞翅目昆虫翅膀上的小鳞片就像屋顶上排列着的瓦片。

➡ 你知道吗？

蝴蝶或蛾子在拍动翅膀的时候，总会有鳞片从翅膀上落下来，这就是为什么刚刚破蛹而出的昆虫翅膀艳丽照人，而在生命末期的昆虫翅膀图案残缺不全，颜色也黯淡无光。但即使昆虫翅膀上的鳞片都掉光了，也只是外观不太好看而已，它们的飞行功能并不会受到影响。

后 翅

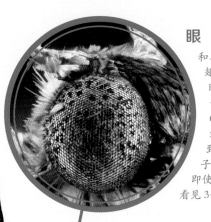

眼 睛

和其他昆虫一样，鳞翅目昆虫也会用复眼来获取视觉信息。一只复眼由大约6000只微小的单眼组成！让人意想不到的是，蝴蝶和蛾子都是近视眼，它们即使睁大了眼睛也只能看见3~5米内的东西。

鳞翅目昆虫如何飞行？

虽然鳞翅目昆虫有六条腿，但是它们要是想去哪还是会尽量选择飞行。蝴蝶扑腾着翅膀在空中飞翔：翅膀一秒钟可以拍打10~15次，飞行速度可以达到每小时7~15千米。有的蛾子每秒钟扇动翅膀的次数甚至高达90次，这样快速扇动翅膀使蛾子可以像蜂鸟一样在空中悬停。如果它们想要撒欢儿，可以以每小时60千米的速度飞行。

触 角

又细又长的触角是鳞翅目昆虫的嗅觉器官，就像我们的鼻子一样。在触角的顶端有很多小孔，那些可以让蝴蝶产生嗅觉刺激的微小物质能够穿过小孔进入昆虫的身体。许多小蝴蝶也会用它们的触角触碰或者品尝附近的物体，刺探物体的温度。

腿

虽然鳞翅目昆虫有六条腿，但无论是蝴蝶还是蛾子都很少用腿活动。对于这些动物来说，腿的作用是确保飞累了降落时不会肚子着地，或者停栖时可以把细枝夹住卡紧，还可在与对手发生碰撞时起到缓冲作用，不至于用躯体跟对手硬磕。最靠近触角的腿上没有爪子，这对足往往在昆虫的头部下方保持弯曲状态，如果不仔细看，你很难发现。

口 器

鳞翅目昆虫口器的构造就像麦秆，这些昆虫用口器吸取花蜜、水或其他液体。喝饱之后，昆虫们会把它们的管状口器卷起来，收在头部下方。

腹 部

心脏、肠道、神经、生殖器官、排泄器官，以及身体其他重要器官都位于鳞翅目昆虫的腹部。和其他昆虫一样，它们的呼吸道也位于腹部，空气通过腹部的气管进入它们的身体。

蝴蝶与蛾
如何感知世界？

想象一下，在一个夏天的傍晚，你坐在草地上，看到蝴蝶在身边飞来飞去。这只蝴蝶和你一样看到了花朵，也感受到了风，但它们眼中的草地却和你看到的完全不同。

复眼接收不可见光

鳞翅目昆虫能看见不可见光的原因在于它们长着复眼。复眼包括6000多只微小的单眼，每一只单眼都有些近视，所以蝴蝶和蛾子看什么都是模糊的。众多像素在它们脑中拼合成一幅图像，就像是用6000多块随时变换颜色的鹅卵石拼成的马赛克装饰墙。鳞翅目昆虫看到的草坪就像早期电子游戏画面中的草坪一样，看起来很模糊。但复眼也有很厉害的地方，它可以感知你我无法用肉眼感知的紫外线。鳞翅目昆虫、蜜蜂和其他昆虫可以用它们的复眼接收紫外线，很多植物会闪烁光芒，巧妙地利用昆虫的这种特性。饥饿的蜜蜂、蝴蝶或者其他昆虫顺着接收到的紫外线线索找到这些植物，在吸取花蜜的同时，也帮助这些植物完成了授粉。人类觉得不太好看的有些花朵，在蝴蝶和蛾子的眼里，它们发出的光芒比聚宝盆的金光还耀眼迷人！

寻觅香气的踪迹

花朵会释放香气诱使蝴蝶和蛾子来到自己身边，帮助自己开枝散叶。昆虫们利用敏锐的触角，可以嗅到花朵的香气。不得不说，鳞翅目昆虫的鼻子灵敏得超乎想象。有些蛾子的嗅觉更是神乎其神，它们细密的绒毛上覆盖着触角，上面分布着几千根带有嗅觉功能的毛发，可以捕捉和辨别各种香味。嗅觉灵敏的昆虫在寻找伴侣时也能捷足先登，雄性昆虫会用敏锐的触角辨别哪里可以找到雌性配偶。敏感的触

这个东西好吃吗？

鳞翅目昆虫腿上细密的毛发就像牙刷上的刷毛一样密密麻麻地排列着，昆虫们依靠这些毛发对气味的识别能力来寻觅美食。找到美味的食物之后，它们才会舒展口器，吸取甜丝丝的汁液。

和所有昆虫一样，鳞翅目昆虫通过由几千只微小的单眼组成的复眼来观察这个世界。

复眼

感光细胞

感光细胞

色素细胞

晶锥

晶状体

角还是昆虫探索周边环境的利器，它们可以利用触角找到可口的食物，评估四周的风险。

用脚品尝味道

当鳞翅目昆虫落到一株花上，它先要尝尝这株花的味道。很多蝴蝶和蛾子在品尝味道时根本都不用把卷曲的口器舒展开，它们的绝活是用脚来品尝身下花朵的味道，判断它能不能让自己胃口大开。当蝴蝶或者蛾子停在花瓣上时，它会用腿上细小的感觉毛发品尝植物的味道，几秒钟内就能辨别出脚下的东西能不能当作食物。

鳞翅目昆虫如何听到声音？

即便蛾子刚刚吸了一肚子花蜜，一副龙精虎猛的样子，但如果你这时候发出一点儿声响，也能让它惊慌失措。鳞翅目昆虫的耳朵非常灵敏，那些夜晚出来活动的昆虫对声音尤其敏感，猫头鹰环蝶和灯蛾甚至可以听到超声波。当这些蛾子听到振动频率很高的声波时，立马扑腾着翅膀背向声源逃命，因为它们的天敌蝙蝠就是利用超声波雷达定位猎物的。但是鳞翅目昆虫的听觉器官并不像我们人类一样长在头上，蝴蝶和蛾子的听觉器官主要位于身体的胸部或者腹部。

➜ 你知道吗？

当夜幕低垂，炊烟四起，我们总能看见多得数不清的蛾子围绕着各种闪亮的标志牌和大小路灯飞来飞去，因为在数千万上亿年里，它们都是借助月光判断方向的。在我们生活的城市里，电灯照亮了黑暗的街道，这些灯光给蛾子、蝴蝶和其他动物带来了巨大的危险，它们有的撞上高温的灯泡被烫死，有的直接粘在灯泡上被烤焦。

如果用可以放大 40 倍的显微镜观察，你可以看到它们触角上那些能够辨别气味的绒毛。

有趣的事实

蝴蝶与蛾的咆哮

有时候人们形容那些不爱说话的人是"沉默的蝴蝶（蛾子）"，蝴蝶和蛾子真的少言寡语吗？才不是呢！有的喜欢哇哇乱叫，有的咔嚓个没完，还有的飞到哪儿，哪儿就嗡嗡作响。其中自带音效、最能闹腾的就是鬼脸天蛾，每当它感到威胁时，就会利用口器发出"吱吱"的声音，就像老鼠一样，人可能不会被吓住，但蝙蝠听见这种声音就会仓皇逃遁。

用触角指引方向

雄性大蚕蛾凭借触角可以嗅出方圆几千米范围内哪里有雌性大蚕蛾。

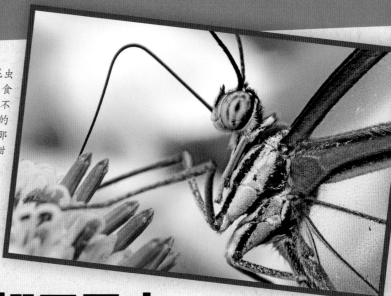

大多数鳞翅目昆虫喜欢吃甘甜的食物。蝴蝶和蛾子不是正在飞往花朵的路上，就是正在那些花朵上吸取甘甜的花蜜。

鳞翅目昆虫吃什么？

➡ 你知道吗？

很多蝴蝶喜欢吸取大叶醉鱼草的花蜜。夏天，你会在花丛里看到蝴蝶忙碌地采集花蜜，这些小昆虫就像在研究植物一样围着花朵转来转去。到底哪朵花里的花蜜能够让它们饱餐一顿呢？

几千万年前，那些现代蛾子的祖先们是没有口器的，它们用下颚作为咀嚼工具，以花粉为食。

只有少数鳞翅目昆虫可以"咔嚓咔嚓"吃东西。小翅蛾科的蛾子没有口器，只有小小的下颚，它们用下颚将花粉吃进肚子里。大部分的鳞翅目昆虫都用口器吸取花蜜，它们从一朵花飞到另一朵花，吸一口这个味的花蜜，吸一口那个味的花蜜，自由自在，十分惬意。

甜美的汁液

花蜜是一种物理性质接近于水的液体，其中含有大量的糖分和矿物质，植物从蜜腺中分泌出这种液体，吸引蝴蝶、蛾子、蜜蜂和胡蜂光临自己的花朵。当这些昆虫进入花朵深处畅快痛饮时，花粉就会粘在昆虫的身上。吃完这一餐，昆虫会将粘在身上的花粉带到下一朵雌花的柱头上，它们就能帮助植物完成授粉。相较于花朵中的花蜜，有些蝴蝶或蛾子更喜欢蚜虫分泌的蜜露。小蚜虫们以植物汁液为原料，分泌出甜丝丝的蜜露。如果扁扁的针状树叶上聚集了众多蚜虫，它们会在这些树叶上形成一层厚厚的蜜膜，这对于鳞翅目昆虫来说简直就是豪华盛宴。

不同的口味

很多种昆虫都有自己偏爱的口味，它们飞落在最中意的花朵上，吸取最甘甜的花蜜。鳞翅目昆虫喜欢以貌取食：蝴蝶最喜欢粉色和紫色的花朵，蛾子则喜欢那些在黄昏时分开花并释放出浓郁香味的黄色和白色花朵。蝴蝶与蛾两派壁垒分明，毫不马虎。

还有一些鳞翅目昆虫的口味迥然不同：有些昆虫每顿必吃树木的汁液；有些昆虫视腐烂水果的汁液为美味珍馐；有些昆虫的口味令人费解，它们爱喝尿、汗水和眼泪；还有些昆虫甚至爱喝从伤口中流出的脓液。大紫蛱蝶喜欢吃发臭的东西，比如粪便或者动物腐烂发臭的尸体。东南亚吸血鬼蛾这个名字可不只是唬人的噱头，这种蛾子能用口器刺穿某个"倒霉蛋"的皮肤，再往里插入七毫米，然后开始吸取这个"倒霉蛋"的血液！

一点都不饿

有些鳞翅目昆虫不食人间烟火，人们总说餐风饮露的是神仙，可这些昆虫们连花蜜和露水都不沾，长尾水青蛾就是如此。这种蛾的成虫没有真正的口器，它们作为成虫的生命阶段特别短，短到没有必要吃东西。它们一生只能飞几天，幼虫时期存下的脂肪足够供给那几天飞行所需的能量了。

最大胆的食物大盗

▶ 鬼脸天蛾爱蜂蜜胜过一切。为了能得到蜂蜜，它甚至敢闯入蜂巢偷食。为了混入蜜蜂的蜂巢，它会分泌一种特殊物质，蒙骗蜜蜂的嗅觉，让这些勤劳的酿蜜能手误以为它是同类。它就这样大摇大摆地爬进蜂巢，用自己的口器将蜂巢上的蜡盖刺穿，吸取其中的蜂蜜，直到吃饱喝足为止。如果蜜蜂发现这个不速之客正在盗取自己的宝贝蜂蜜，鬼脸天蛾也不怕，因为这种蛾子身上有一层又厚又硬的几丁质甲壳，完全不怕蜜蜂反击。

▶ 一些亚洲和非洲的蛾子爱喝眼泪。你想想，当你看见蛾子爬到牛或其他动物的眼角吸取眼泪，你肯定会觉得，这世界太奇妙了。在非洲马达加斯加岛上有一种非常大胆的夜蛾，它每天都要"虎口拔牙"，因为它的食物竟然是鸟儿的眼泪。它的口器样式独特，功能强大，看上去就像配有弯曲倒钩的小鱼叉。这种蛾子在找到睡着的鸟儿之后，先用带倒钩的口器把小鸟的眼皮钩开，然后吸取其中的眼泪。一些研究人员认为，这种蛾子在开始吸取眼泪之前，会先将一些具有安眠作用的物质滴入鸟儿的眼睛里，当它开始吸取眼泪的时候，鸟儿就会睡得死死的，毫无知觉。

蜜蜂擅长打群架，还是同归于尽那种，而且它们用屁股上的尖刺猛蜇一下，就能让对方疼上半个月。为了顺利地偷食蜂蜜，鬼脸天蛾配备了全套的盔甲。有了这样的装备，蜜蜂蜇它一下两下根本不用在乎。只要被蜜蜂蜇的次数不超过四次，鬼脸天蛾都能在吃饱喝足之后全身而退。

嗯，营养又美味！一口鳄鱼眼泪下肚，千花万花靠边站。

希望这家伙这会儿不要打喷嚏……

风雨同舟，和睦共处：蝴蝶搭乘鳄鱼游艇，还能喝到新鲜的鳄鱼眼泪，太美妙了！

骗术、诡计、伪装术

枯叶蝶

当一只印度枯叶蝶停栖在树枝上，它看上去和一片枯叶毫无分别。

伪装大师

谁也看不出桦树树皮上还停着一只桦尺蠖，城市里的桦尺蠖翅膀呈灰黑色，因为城市里的树皮已经被黑色的灰尘染成了灰黑色。

鳞翅目昆虫的天敌无处不在，时刻想把这种飞来飞去的昆虫当作点心。蜥蜴和青蛙看见蝴蝶和蛾子就垂涎欲滴，蜘蛛布下陷阱等它们落网，胡蜂就像架在天空的歼击机，鸟儿就像空中的航空母舰，它们哪一个都惹不起。鳞翅目昆虫最害怕的是有超声波加持的蝙蝠，即使在夜幕中蝙蝠也能准确判断它们的位置！虽然没有牙齿和爪子，不能与这些天敌硬碰硬，但它们也不会坐以待毙。它们有一套令人惊叹的生存技巧，让那些觊觎自己的动物们无可奈何。

请保持低调

它们活命最关键的绝招就是伪装。蝴蝶将它们色彩斑斓的翅膀合拢，立于身体上方，只露出暗沉的、不引人注目的那一侧。一些蛾子的翅膀颜色以褐色为主，翅膀上的图案与树皮相似，当它们停在树干上时，看上去和树皮融为了一体。印度枯叶蝶是举世无双的伪装高手，当它停栖在树枝上时，就算在眼前你也很可能毫无察觉。草莓尺蛾不走寻常路，它就没打算把自己隐藏起来，这位伪装大师张开黑一片白一片的翅膀，看上去就像一坨鸟屎，难怪它很少被吃掉，那些爱吃蛾子的动物看一眼都避之不及呢。看来动物也得懂心理学呀！

别烦我！

很多蝴蝶和蛾子会另辟蹊径，用翅膀上可怕的图案唬住天敌。有些鳞翅

眼斑

让你胆裂魂飞的美丽

我们或许觉得孔雀蛱蝶翅膀上一双被称为"眼斑"的蓝黄色眼睛十分绚丽夺目，可这却能让鸟儿们胆裂魂飞，恨不得多长一对翅膀，赶紧飞走。

小心点，我身怀剧毒呢！

橙尖粉蝶用荧光色发出警告。

目昆虫翅膀上有圆形的斑点，从远处看就像是大型动物瞪着大眼睛。孔雀蛱蝶和天蚕蛾就是用这种"拉大旗作虎皮"的方式保护自己的。

鳞翅目昆虫被天敌发现之后毫不畏惧，让对方一时间不敢下嘴，就在对方犹豫时，昆虫们使出全身力气，再加上一点儿运气就能虎口脱险！有的昆虫翅膀颜色艳丽至极，这在动物界往往是一种无声的警告，仿佛在对外宣告："小心点，我身怀剧毒呢！"黑脉金斑蝶在幼虫时期以马利筋为食，这种植物所含的毒素让黑脉金斑蝶身怀剧毒，并以此作为防身绝招。如果一只倒霉的鸟儿一口吞下黑脉金斑蝶，肯定会立即吐出来，以后再看见类似橙色或大红大紫的蝴蝶，就会胃口全无。

黑脉金斑蝶的翅膀呈橙色和黑色，它身怀剧毒。那些招惹过它的动物们都吃一堑，长一智，坚决不会再碰它了。

高超骗术

有些鳞翅目昆虫擅长模仿有毒的远亲，让天敌离自己远远的，从而巧妙地避开危险。总督蝶本身并没有毒，在进化的过程中，它们演化成与黑脉金斑蝶相似的模样。即使鸟儿再饿，看见它们也会扭头就走，吃下才更难受呢。透翅蛾（黄蜂蛾）还擅长跨种族模仿，长着透明的翅膀，后腹部还有几道黄带和黑带，俨然一只攻击性很强的黄蜂。

有些植物也会模仿不好吃、不好惹的生物，以蒙骗天敌，鳞翅目昆虫偶尔也会被它们糊弄。西番莲就有办法对付鳞翅目幼虫，它的绝招就是假装自己已经"有主"了。西番莲会在叶子上生出很多小泡泡，这些泡泡看上去就像鳞翅目昆虫的卵一样。那些母蝴蝶、母蛾一看，心想：我的娃要是在这片叶子上，肯定得和别家的幼虫抢饭吃，看来得换个安乐窝。于是，这些大肚子的准妈妈就会飞到别的植物上产卵。

总督蝶体内并没有毒素，但它擅长模仿黑脉金斑蝶，鸟儿也分不清它到底是上一次毒害自己的黑脉金斑蝶还是它的亲戚。唉，换个猎物更安全！

大骗子

透翅蛾长得和黄蜂一样，连发出的"嗡嗡"声也是在模仿黄蜂。它的一对翅膀居然是透明的，哪有一点儿蛾子的样子，可它真的是一种蛾子。

交配与产卵

蝴蝶喜欢独来独往，只有到了交配季节才会主动寻找异性。在春天温暖的阳光下，大地气温逐渐回升，鳞翅目昆虫们开始精心打扮。这次相亲大会可能是它们一生中唯一一次成家的机会，因为它们的寿命只有短短几周到几个月，需要在短时间内完成交配，挑选产卵地并繁衍后代。到了夏天，这些幼虫经历化蛹、破蛹、交配和产卵，然后结束它们的生命，有些鳞翅目昆虫甚至能繁衍好几代。初夏的一颗幼卵慢慢变成幼虫，在夏天结束之前，它会发育为成虫，它的子辈和孙辈也会在天上翩翩起舞。

婚礼之舞

在相亲大会上，蝴蝶们得睁大自己的近视眼。雌蝴蝶必须仔细分辨来相亲的雄蝴蝶翅膀上的颜色、图案和形状。蛾子们喜欢在夜间约会，眼神儿就更使不上劲了。蛾子们主要依据气味挑选对象，看来候选者们还得准备些"香水"。

两只蝴蝶私订终身之后，就会一起跳一支婚礼之舞，表示它们愿意比翼双飞。在交配期间，雄蝴蝶会释放一种特殊的气味吸引雌蝴蝶。蝴蝶跳完婚礼之舞后，开始背对背交配，雄蝴蝶用自己后腹部的两

蝴蝶交配

当两只蝴蝶或蛾子配对成功后，它们往往往头朝相反的方向，将彼此的后腹部连接在一起，一动不动地保持几个小时。

饲养蝴蝶

荨麻蛱蝶是易于饲养的昆虫，会产出绿色的卵。春天，雌荨麻蛱蝶将绿色的卵粘在荨麻叶的背面，你可以将带有卵的荨麻枝条折断带回家里，放入用来饲养幼虫的容器中。一段时间后，你就能观察这些卵是怎么孵化成幼虫，这些幼虫又是怎么变成蛹，再羽化成蝶的。如果你找到的荨麻叶上的卵已经孵化成幼虫，那么将这些枝条带回家饲养，就能更容易观察了。

请注意：蝴蝶和其他野生动物一样都受到国家法律的保护哦。所以在捕捉和收集这些蝴蝶之前，你需要去当地的动物保护部门进行申请，获得相应的批准之后才能去捕捉和收集这些蝴蝶。

DIY
手工制作
专区

荨麻

这些蛱蝶科动物的卵看上去像植物的嫩芽。

闪蝶产出的卵一个挨一个紧密地排列着。

只小钳子抱住雌蝴蝶的后腹部，然后一动不动地停栖在树枝上。有时候，蝴蝶的交配只持续二十多分钟，但大多数情况下，交配会持续好几个小时。交配结束后，雄蝴蝶会飞走，去寻找其他雌蝴蝶，争取下一次交配的机会，而雌蝴蝶则要为孩子们找一处能吃饱喝足的安全住所，完成产卵任务。

数以百计的卵

雌蝴蝶精挑细选，为幼虫宝宝们选择最好的植物作为产卵场所，孵化后的幼虫就会以这些植物为食。优红蛱蝶、孔雀蛱蝶和荨麻蛱蝶的幼虫喜欢以荨麻叶为食，菜粉蝶的幼虫则喜欢吃甘蓝、花椰菜、白菜等蔬菜。雌蝴蝶一次产下几百颗的卵，它们将卵从后腹部慢慢排出，同时分泌出一种黏液，将卵粘在植物叶片的背面。蝴蝶的卵主要呈球状、椭圆状、圆锥状或圆盘状。

➡ 创造纪录 30000 颗卵

蛀茎蛾是鳞翅目昆虫中的高产冠军。雌性蛀茎蛾在产卵的时候像飞机轰炸一样从空中将卵产出，卵像炸弹一样落到地面上，这些卵孵化出的幼虫喜欢啃食植物的根茎。

枯叶蛾将产下的卵粘在植物的茎上。

1 培养盒不能被阳光直接照射。最好将它放到花园里或者房间里背光的地方，但也要确保有一定的光线能够照射到培养盒。

2 你需要将荨麻枝杈插在装满水的玻璃杯里，在杯口盖上一张塑料保鲜膜。这张保鲜膜的作用类似于安全网，有了它，毛毛虫就不会从荨麻叶上掉入水中。

3 如果你已经收集到蝴蝶卵，不用火急火燎地盯着，只需要耐心地等待虫卵孵化，孵化期最长可达 14 天。等它们孵化成幼虫后，你需要每天给这些小幼虫喂新鲜的荨麻叶。用一把毛头刷，轻轻地将这些幼虫刷到荨麻枝上去。你会惊讶地发现，这些幼虫吃得可真多，过一会儿就得添一次荨麻叶。还有，不要忘了每天都要更换一次厨房纸巾哦。

蝴蝶饲养小贴士

▶ 一个产满荨麻蛱蝶卵或幼虫的荨麻枝杈

▶ 一副掰断荨麻枝杈时戴的手套

▶ 一个带有通风盖的大号透明容器（制作动植物培养盒）

▶ 一块玻璃片

▶ 一张保鲜膜

▶ 一些厨房纸巾

▶ 一把毛头刷

4 很快你就会发现，这些幼虫变得越来越大，每隔一段时间蜕一次皮，八周之后就会变成蛹。成蛹后它们会停止进食，整天一动不动。如果一切顺利，羽化的过程将会持续 12 天，然后它们就会破蛹而出。你最好放这些长出翅膀的虫虫们到户外展翅飞翔，让它们体验完整的生命旅程。

美不美？天蚕蛾幼虫身上长着一簇簇螫毛，在行走时这些螫毛就像弹簧一样。

咔哧咔哧
不停嘴的幼虫

在生命初期，这些鳞翅目昆虫都是一颗颗虫卵，它们躺在妈妈精心挑选的树叶上，一动不动。两到三周过去了，幼虫用它的口器将卵壳咬出了一个洞。它先用头试了试，再用口器将洞慢慢撑大，终于将头伸出卵壳，来到了外面的世界。它刚离开壳体就开始了最喜欢的活动——狂吃，第一顿美餐就是它的卵壳，卵壳中的营养物质对于幼虫而言非常重要。

千万不要碰它！体色鲜艳的刺蛾幼虫有毒刺防身，谁也别想靠近它。

长得像妈妈吗？

宝宝出生时，人们经常说："长得真像妈妈！"但没有人会觉得鳞翅目昆虫的幼虫长得像它们的妈妈，因为这些幼虫确实和它们的父母长得完全不一样。幼虫看上去像蚯蚓，既没有翅膀，也没有鳞片，更别说复眼了，而且幼虫的口器和成虫的口器也截然不同。

不同种类的小幼虫们体形、颜色和其他属性千差万别。有些幼虫周身长毛，有些幼虫身上长刺，还有一些长着特角。无论长成什么样子，它们都会经历一次又一次蜕皮。蜕皮的原因是幼虫吃得太多，身体发育太快，每次换的新皮用不了多久就会变得紧巴巴的，紧接着就会爆裂。昆虫在幼虫阶段要蜕多少次皮与昆虫的种类有关。

这只幼虫正在调整身体姿态和行进方向：它的一对腹足悬在空中。

这只幼虫虽然身材不太起眼，但它的下颚非常有力，它先用下颚在卵壳上咬出一个洞，然后钻出这个洞（1）。它蠕动身子，让身体其他部分慢慢从卵壳中钻出来。它必须使出全身力气，尽快完成发育的第一步，卡在卵壳中的它对于无处不在的天敌来说就是毫无还手之力的美味（2）。成功啦！它用前腿扒住树叶，再抽动身体，把身体从卵壳中完全拽出来（3）。

➡ 你知道吗？

尺蛾的幼虫叫作尺蠖，尺蠖的行进方式很特别。它身材细长，身体中部缺少一对腹足，因此整个身体行动时不能匍匐前进，只能用前腿扒住身体下方的物体，然后将后腹部紧贴前胸，屈体时像一座拱桥，伸平时像一条水管，一屈一伸向前爬行。

幼虫的身体

头部：幼虫的头部长有很多单眼，还有两个短短的触角，幼虫就是利用这些感觉器官感知周围环境的。它那有力的下颚可以轻易啃食树叶甚至木头。幼虫下唇闪亮的部分是它的丝囊：这是一个腺体，功能与蜘蛛吐丝的腺体类似。

气管：空气通过这些小孔进入幼虫体内。

腹部环纹：幼虫的心脏、肠道和排泄器官分布在这个位置。

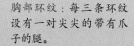

胸部环纹：每三条环纹设有一对尖尖的带有爪子的腿。

腹足：幼虫利用这些柔软的凸起物向前爬行。

臀足：这对足位于幼虫身体的末端，这个位置对应着其他动物的臀部，故取名为臀足。

成群结队
还是离群索居？

孤独的吃饭机器？当然不是。从卵壳中孵化的栎列队蛾幼虫们聚集在一起生活，它们喜欢成群结队地行动，吃喝动卧都不分开。

哎，兄弟……那个，你叫什么名字来着？

栎列队蛾幼虫！因为我们有长长的列队。

有个问题我一直很好奇……
嗯，你们真的无论干什么都是集体行动吗？

哈哈，这不是谣言，就是那么回事儿！我们孵化后，一起建造了一座非常舒适的巢穴，空间大，造型圆，完全是我们自己吐丝制成的，看上去就像树干上粘着一大卷棉花糖！

队伍会不会太拥挤了？
毕竟你们是几百条虫虫列队行进呢！

我们觉得很舒适啊，而且这种群居生活还有很多好处。凄凄风雨过后天气转凉，我们靠在一起互相取暖，才会健康地茁壮成长啊！

夜幕降临，倾巢而出……

出发！就算离开巢穴后，我们也会排成列队行进。那些讨厌的鸟儿看到我们身上的毒刺，根本不敢靠近，我们就可以肆无忌惮地狂吃一通了。

幼虫超级战队，排成一列，
防守无死角！这就是你们叫栎列
队蛾的原因吗？

对啊，别人看到我们的名字往往会想起一列长长的火车。我们现在叫栎列队蛾幼虫，等长大后，就改叫栎列队蛾啦！

你们真聪明。你们的头发很蓬松，
看上去非常可爱，我可以摸摸吗？

赶紧把手拿开！如果被我们身上的刺扎到，你的皮肤就会感到痒痛难耐，而且要难受好长时间呢。不用直接摸到，就算只是靠近，我们身上带有毒素的毛也会随风沾到你身上，让你痒痛难当。所以一定要与我们保持距离，只有我们的家庭成员才不会被这些毒刺刺伤。

要吃，不要被吃

有毒的早餐

黑脉金斑蝶幼虫喜欢吃一种含有毒素的叶子，它们不会因此受伤遭罪，但是那些爱吃昆虫的动物们每次捕食之前先得认清目标是不是黑脉金斑蝶幼虫，否则吃了有毒的食物，难受的是自己啊。

鳞翅目昆虫的幼虫心里只有一件事，那就是吃！它们不停地吃，用食物把自己撑得圆滚滚的，短短一段时间，它们的身体就会长大很多。毕竟它们之后要在蛹里不吃不喝数周，甚至更长时间。有些鳞翅目昆虫只在幼虫阶段进食，所以它们必须在这一阶段为生命储备足够的能量。

贪婪无度，还挑肥拣瘦

小小的幼虫们主要吃叶子、嫩芽、花蕾或者水果，有时还会吃点木头换换口味。它们的下颚非常有劲，所以它们住在哪里，哪里的树木和花朵就会遭到严重损坏，松尺蠖的幼虫甚至可以让一整片树林失去生机！每一种幼虫的食谱都非常固定，它们的喜好很难改变。有些幼虫非常挑食，只吃某种叶子；有些幼虫则毫不挑剔，它们要是饿起来什么都吃，不但会吃掉小昆虫，甚至还会吃掉同类；还有一种被称为无情杀手的幼虫——夜蛾幼虫，它们要是没有吃的了，就会把自己同父同母的兄弟姐妹当成饭菜吃掉，简直比虎狼还冷酷狠心。

强敌环伺，四面楚歌

"出来混，迟早要还的。"幼虫们十分贪吃，一个个身材都肥嘟嘟、圆滚滚的，在很多动物眼里，它们就是美味佳肴。天上展翅飞翔的鸟儿喜欢吃肥美多汁的毛毛虫，地上奔跑的鼹鼠、野猪和刺猬也视毛毛虫为点心。为了躲开这些飞禽走兽，毛毛虫们研发出一套套隐身术：有些毛毛虫不断吐丝，将叶子粘在一起做成一顶迷彩帐篷；有些毛毛虫蜷缩在花朵里，或者藏

用来恐吓天敌的眼睛

"不想死就不要靠近我！"夹竹桃天蛾的幼虫觉察到危险的时候会拉伸自己的头部，把背上一对由蓝白两色的大眼睛图案构成的眼斑亮给对自己不利的家伙看，把它们吓跑。

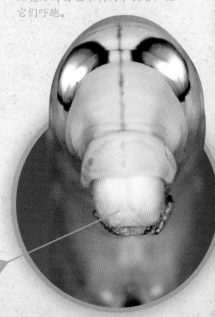

头部

在卷曲的树叶里；还有些毛毛虫皮肤的颜色和纹路与树皮或树叶非常相似，捕食者很难发现它们。

块头不大，但也不好惹

鳞翅目昆虫的幼虫都有保命的小绝招。就像有些成虫利用翅膀上的眼斑和鲜艳的颜色警告图谋不轨的动物一样，一些鳞翅目昆虫的幼虫也用类似的办法让自己免入敌腹。红天蛾幼虫的头上有一对"彩绘"的眼睛，让它看起来像极了一条蛇。它不需要将身体伪装成干枝枯叶，反而高调暴露自己，用警戒色告诉所有馋鬼，自己有毒液护体，最好都躲远点儿。

有些虫子可以让对它垂涎欲滴的动物稍一接触就大倒胃口，浑身难受。烟草天蛾幼虫会释放一种特别难闻的气味，把天敌熏走。蚕蛾在遇到危险的时候会把之前吃进去的东西都吐出来，攻击者看着和闻着都觉得恶心，根本毫无胃口。黑带二尾舟蛾的幼虫如果受到惊扰会从胸腺中喷出一种具有腐蚀性的蚁酸，让对方尝一尝苦头。

老实点儿！

千里光蛾的幼虫身怀剧毒。它引人注目的黄黑条纹就是在向天敌们发出警告："离我远点儿！惹了我够你受的！"

不可思议！

有些蛾子的幼虫们为了自我防御还会发出尖锐的噪声：如果北美蚕蛾被鸟儿攻击，它会发出"咔嗒咔嗒"的噪声，声音强度可以达到80分贝，与电话铃声的强度差不多。

这条幼虫看起来真让人反胃：茧蜂的幼虫从这条鳞翅目昆虫的幼虫体内钻出来，结成了茧。

敌人在我的身体里

幼虫背上像花蕾一样的东西是茧蜂结的茧。茧蜂将卵产在其他昆虫的幼虫体内，也就是说，茧蜂的幼虫会在生长过程中慢慢杀死作为移动粮仓的爬虫寄主，这些体内有虫的寄主就会变成"活死虫"。这场"虫间惨剧"始于温柔一刀，茧蜂妈妈相中一只肥肥的爬虫作为孩子们的育婴餐车后，会将自己的产卵器插入爬虫体内，然后在其体内产下大约80只卵。不多久，茧蜂的卵就会孵化成幼虫，而它们的食物就是寄主的血液和脂肪！随着茧蜂幼虫越来越大，它们的移动粮仓也渐渐被掏空。当茧蜂幼虫长得足够大后，它们会在寄主的身体上咬出一个洞，然后钻出来。随后，它们依然不依不饶，还要"虫"尽其用。茧蜂幼虫化成蛹之后，寄主就像受了蛊惑一样，还会继续照顾和保护这些蛹。当诸如椿象这类具有威胁性的动物出现时，寄主会用自己的头部猛烈撞击捕食者，把来犯的敌人赶跑。

最后通牒

黑带二尾舟蛾的幼虫在感受到危险时，会把头缩进已经变成红色的胸部，然后用身体后部像黑色眼睛一样的眼斑和凸起的腺管威胁来犯之敌。如果对方对这最后的警告满不在乎，那它就会从胸腺喷出令对方疼痛不已的蚁酸。

借助于丝腺中分泌出的黏液，幼虫头部朝下，将自己粘在植物的枝杈上（1）。一段时间后，幼虫头部的皮肤突然爆裂，显露出新皮肤（2）。幼虫一点一点将旧的皮肤蜕去（3）。皮肤越来越干燥，外壳也越来越硬（4）。这时，幼虫看上去就像一片嫩绿的叶子（5）。

蛹和茧

在大约四个星期的时间里，鳞翅目昆虫的幼虫抓紧时间不停地吃，把自己喂得肥肥胖胖的，肚子也圆滚滚的。突然有一天，幼虫停止进食，它们会收缩身体，找一处隐蔽的地方准备化蛹。有些幼虫会吐出大量丝线，将自己固定在植物的枝杈上；有些幼虫会用丝线将自己固定在树皮里或者某片落叶之下；还有一些会在苔藓上或土壤中结茧；萍水螟的幼虫甚至生活在绿色的浮萍上，它的茧中充满了空气，可以藏身于水面下。

恰似一片树叶

当幼虫找到一个安全的地方之后，它就要开始准备变身了。首先，背部的皮肤率先裂开，露出虫蛹的外壳。虫蛹此时非常柔嫩，很容易被天敌当作点心吃掉，所以必须进行伪装。有些蛹看上去就像一片叶子，有些蛹的伪装还要因时制宜，根据成蛹的季节采取相应的伪装策略。金凤蝶在夏天结的蛹是绿色的，看上去就像鲜活的树叶，任谁也很难在树叶间发现潜伏着的蝶蛹。而这种昆虫在秋天结的蛹却是棕色的，看上去就像失去水分、即将飘落的枯叶。

蛹能保卫自己吗？

鳞翅目昆虫的蛹也被称为木乃伊蛹，这是因为蛹的腿、口器和皮肤紧紧地长在一起，唯一能够活动的部分就是蛹的屁股。虽然如此，它们还是有一套御敌术，可以阻挡鸟类、甲虫或者其他昆虫的侵袭。孔雀蛱蝶的蛹会长出有毒的尖刺，而且特意将这些毒刺展示给那些贪婪的家伙们；粉蝶类昆虫的蛹也非常擅长用毒刺保护自己；黄星绿小灰蝶的蛹甚至还能发出声响，用尖锐的声音把敌人吓跑。

溶解和重建

如果你观察一个鳞翅目昆虫的蛹，从外表上看，蛹几乎完全不动。但蛹内却发生着剧烈的变化，幼虫的身体几乎完全溶解于消化液之中。没有被消化液溶解的部分也会被重建，包括复眼、触角、翅膀和其他典型特征，这种不可思议的转变被称为"变态"。从幼虫到蛹，再到破蛹而出，需要耗费两到四周的时间，发育成熟的幼虫完全改变了模样。蛹壳里孕育出一种全新的生物，一只飞舞的蛾子或者蝴蝶！

倒挂的蛹

这是蝴蝶的蛹，这只蛹头部朝下，吐出丝线将自己倒挂在树枝上。

不可思议！

有些鳞翅目昆虫一生中会有几周在蛹内孕育新生，也有些会在蛹壳内冬眠。论起闭关修行，枯叶蛾还真是有一套，它能在蛹里不吃不喝待七年！

吊着蛹的丝

挂在树枝上的蛹

　　大多数蝴蝶幼虫都会经历蛹的阶段：这些昆虫的幼虫有丝腺，丝腺吐出的丝有助于幼虫作蛹。幼虫将丝制成一个具有黏性的垫子，利用这个垫子，将自己的屁股和树枝牢牢地粘在一起。然后幼虫再吐丝，织成一条腰带绑住自己的身体，将自己挂在树枝上。

埋在土里的蛹

　　有些蛾子的蛹深埋在土壤中。这些蛾子的幼虫在成蛹之前，会挖一个地下洞穴。

茧

　　很多蛾蛹把自己藏在丝制的厚茧中。这些茧最初是白色的，摸上去很柔软。过了一段时间之后，茧逐渐失去水分，颜色也逐渐变成褐色。对于里面的蛹来说，茧不仅可以防御其他动物的攻击，还是一个不太干，也不太湿的保护壳。这样，蛹在里面就不会发霉长毛，也不会干枯皱缩。

知识加油站

▶ "变态"这个词来源于希腊语，原意是"转变"。人们把动物从幼体转变为成体的过程称为"变态"。

▶ 有些动物从幼体发育为成体的过程为完全变态，例如鳞翅目昆虫和膜翅目昆虫。这些动物在发育过程中，会经历四个阶段：受精卵、幼虫、蛹和成虫。

▶ 不完全变态的动物不会经历蛹期，它们的幼体与成虫在体型、习性及栖息环境等方面都很相似，但幼体的翅膀发育还不完全，个头也比成虫小。所以在发育为成虫后，除了翅膀和性器官发育成熟外，它们在形态上与幼体几乎没有明显差别。

一只蝴蝶
破蛹而出

在化蛹的两个星期里，蛹挂在树枝上一动不动。在这段时间，蛹壳内发生的变化超乎想象，幼虫消失不见，它在蛹壳里完成了生命的蜕变，变成了一只蝴蝶。薄薄的蛹壳里孕育出触角、腿、腹部和彩色的翅膀，你能够感觉到其中充满了希望。

上午 10:05

成功啦：蝴蝶已经从蛹壳中完全挣脱出来了。现在，这只蝴蝶精疲力竭，非常虚弱。它的几丁质甲壳此时又湿又软，但几丁质甲壳必须完全干燥之后才会变得坚韧，才能像铠甲一样保护蝴蝶。

裂缝

上午 10:03

终于呼吸到了新鲜空气！这只蝴蝶让自己的前胸进一步膨胀。蝴蝶先将头从蛹壳中伸出来，然后一点一点将身体从壳里挣脱出来。这个时候，它的翅膀还是湿漉漉的，而且彼此贴在一起，折叠在后背上。

上午 10:00

时机已到：这只即将蜕变为蝴蝶的小东西已经准备好破蛹而出了。为了能撑爆紧绷绷的蛹壳，它把自己腹部的血液都汇聚到头部和胸部，这样一来，它的前胸变得越来越鼓，直到蛹壳再也包不住，裂开一道口子。

上午 10:20

现在，蝴蝶的翅膀已经完全展开。蝴蝶将翅膀交替打开又关闭，让双翅尽快变干变硬。等到翅膀完全变硬之后，它才能飞起来。

上午 10:21

终于等到这一刻！翅膀已经干了，蝴蝶作好了第一次飞行的准备。短暂地尝试展翅之后，它第一次飞到空中，飞到离它最近的那朵花上。长时间不吃不喝，又经历化蛹成蝶的巨大变化，让它耗尽了所有力气，必须喝上满满一肚子花蜜才能补充能量。

上午 10:12

蝴蝶爬到空空的蛹壳外，让风把自己吹干。现在，它的翅膀看上去还像两片皱巴巴的纸巾。但等到它将身体中越来越多的血液汇聚到翅膀上，翅膀就可以慢慢展开了。

不可思议！

沉睡了那么长时间，醒来之后最紧急的事情会是什么呢？刚刚破蛹而出的蝴蝶会从腹部喷出一小滴尿，这就是所谓的"蛹尿"，因为在漫长的蛹化阶段，幼虫的肠道内积累了大量废物。通常那一滴蛹尿是红色的，所以中世纪的人们认为：当蝴蝶或蛾破蛹而出的时候，天上会下血雨。

还剩下些什么？

破蛹而出的蝴蝶与蛾飞走了，那幼虫到底经历了什么呢？实际上，幼虫身体的各个部位发生变态，才变成了能飞的成虫。在变态的过程中，幼虫的身体几乎完全分解成一团糊糊。令人惊讶的是，即便成虫是一团糊糊变成的，但它还能记得幼虫时的经历。科学家们通过一项实验发现了以下现象：他们让烟草天蛾的幼虫反复闻一种味道像密封胶的溶剂，每次闻完这种溶剂之后，科学家会对这只幼虫施加轻微的电击，电流的强度不会对幼虫造成伤害。就这样，幼虫发现了一个规律：每次闻到这种味道，很快就要来一波难受的电击！等到烟草天蛾的幼虫变成成虫之后，它们还是会远远地避开带有密封胶味道的东西。相比之下，在幼虫阶段没有参与过相关测试的烟草天蛾则对这种气味毫无反应。这说明，成虫也能记住小时候发生的事，这只可怜的蛾子，童年的记忆可真不太美好啊！

你认识家门口的那些蝴蝶吗？

孔雀蛱蝶

这是一种十分常见的蝴蝶。它之所以叫这个名字，是因为翅膀上有四个黄、蓝、黑相间分布的眼斑，看上去就像明亮的大眼睛，与孔雀尾部羽毛的图案很相似。

鳞翅目昆虫浪迹江湖，四海为家，甚至在大街上，在道路中间的花坛里也能看见它们翩翩飞舞，不亦乐乎。实际上，只有少数几种蝴蝶和蛾子生活在城市里，大部分蝴蝶和蛾子更喜欢生活在植物种类繁多的地方，比如有花有草的河滩、灌木丛生的山坡或者树木茂密的森林。

多亏荨麻喂饱肚子

据统计，中欧地区大约有 3700 种不同的鳞翅目昆虫。某种蝴蝶或蛾子在某地是常见还是罕见，取决于这种昆虫的幼虫是不是爱吃当地的植物。在中欧，以荨麻叶为食的鳞翅目昆虫的幼虫最为常见，因为荨麻在欧洲随处可见。孔雀蛱蝶、小红蛱蝶、荨麻蛱蝶和优红蛱蝶就是中欧十分常见的蝴蝶，它们的幼虫多以荨麻叶为食。

挑食的家伙们日子不好过

挑食的鳞翅目昆虫往往都"虫丁不旺"。比如豹纹蝶的幼虫只吃某种特定的、少见的高沼（高于地下水位的沼泽）植物。阿波罗绢蝶的幼虫只吃一种白色的景天植物，但那种植物只生长在日照充足的悬崖上。不难想象，动物对食物越挑剔，其种群的规模往往就越小，因为产出那些特定食物的环境要求往往也十分严苛。

荨麻蛱蝶

这是一种很常见的蝴蝶，人们可花园、停车场或者自家后院看到。如果仔细观察，就会发现这种蝴蝶经常停院墙或者屋檐上，暖洋洋地晒太阳。

优红蛱蝶

优红蛱蝶翅膀上的图案主要呈红色和黑色。这种蝴蝶心怀青云之志，人们曾经在阿尔卑斯山 2500 米处看见迁徙途中的它们。如果这些蝴蝶在城市里遇到一座座摩天大厦，它们一定会往上飞，越过这些挡路的大石头！

钩粉蝶

风雪和严寒并不会困扰它：钩粉蝶会在冬天找个地方冬眠。到了阳春三月，它就会扑打着翅膀在我们的花园里飞来飞去。雄性钩粉蝶是柠檬黄色的，而雌性钩粉蝶是白中透着一点儿绿色。

大紫蛱蝶

大紫蛱蝶喜欢在树林高处往来穿梭，它的翅膀时而闪烁黑光，时而冒着蓝光。这种美丽的蝴蝶喜好吸食树汁或者发酵的水果汁液。

普蓝眼灰蝶

从银灰蝶到蓝灰蝶，灰蝶的种类非常多，普蓝眼灰蝶是其中最常见的灰蝶之一。雄性普蓝眼灰蝶的外表是明亮的淡蓝色，而雌性普蓝眼灰蝶的外表则相当不起眼。

金凤蝶

这种蝴蝶体态华贵，色彩艳丽，后翅上有两个长长的尾突，但很少能遇到。种着茴香、胡萝卜、芹菜等伞形科蔬菜的菜园里常常能看到它们，它们往往会在那里连吃带拿。

小红蛱蝶

在欧洲，这种蝴蝶每年都会迁徙，因而只能在春天和夏天看见它们。当天气变冷时，小红蛱蝶就会飞越阿尔卑斯山，飞过地中海，去北非生活。

光华夺目的异域蝶蛾

有那么一片地方，那里永无寒冬，那里百川归海，那里植被茂密，那里就是热带雨林，也是鳞翅目昆虫的天堂。尤其在美洲的热带雨林地区，从蝴蝶与蛾的品种和数量来看，世界其他任何地方都无法与之媲美。仅在巴西和阿根廷交界地带的伊瓜苏国家公园内就已发现超过 800 种鳞翅目昆虫！这片热带雨林的植物品种繁多，能够满足不同种类的蝴蝶与蛾的胃口。除此之外，这些鳞翅目昆虫也喜欢在高温地带生存繁衍。热带雨林地区温暖湿润，那里的蝴蝶比别处的蝴蝶体型明显更大。

虽然热带雨林中的鳞翅目昆虫品种繁多，但是某一特定物种的数量其实并不多。在那里，人们可能很容易就找到十种不同的鳞翅目昆虫，但是如果你要找某种特定的蝴蝶还是需要大费周章的。

黑框蓝闪蝶

黑框蓝闪蝶，也被称为蓓蕾闪蝶，这种蝴蝶翅膀呈浅蓝色，会发出一种迷人的光彩。如果有人开着小飞机，低低地飞过美洲的热带雨林上空，就可以看见绿绿的树冠上闪耀着蓝光，那里星星点点的蓝光其实就是这种蝴蝶翅膀反射的光芒。但是，它们的美也经常会招来灾祸，黑框蓝闪蝶在南美洲经常会被制成各种装饰品。

猫头鹰蝶

猫头鹰蝶的名字由猫头鹰和蝴蝶组成，这个名字来源于它翅膀两侧的图案。它的两翼有一对酷似猫头鹰眼睛的图案，会让捕食者误以为自己被一只凶狠的动物正瞪着眼睛凶神恶煞地盯着。这是它的警戒色，也是极其巧妙的伪装。

瞧，我浑身上下都装饰着这种美丽的蝴蝶！

蝴蝶风云

在热带雨林中，鳞翅目昆虫有很多天敌，但蝴蝶们不用害怕大猩猩，因为大猩猩只吃素。

鸟翼凤蝶

这种蝴蝶是大洋洲体型最大、外形最美的蝴蝶之一。它的翅展（翅膀展开时，两前翅尖之间的直线距离）可达 18 厘米。显然，美丽的外表给了这种蝴蝶极强的自信。有时候它们看见一只小鸟在吸取某朵花上的花蜜，会大摇大摆地凑过去分一口蜜。鸟翼凤蝶会在小鸟身边飞来飞去，直到小鸟被烦透飞走，它就会独揽这朵花，厚着脸皮吃个够，这真是"撑死胆量大的，气跑肚量小的"呀！

彗星飞蛾

生活在马达加斯加的彗星飞蛾翅展可达 14 厘米，它的美貌十分动人。乍看上去，这种蝴蝶与蝙蝠有几分相似，因为这种蝴蝶的尾突相互交叉，这两条像彗星一样的尾突正是它名字的由来。

翠叶红颈凤蝶

这种蝴蝶的名字很长，不太好记。它有个特点，那就是非常喜欢社交。在东南亚雨林里，有时你能看到几百只翠叶红颈凤蝶聚在一个小水坑里。难以置信的是，你看到的几百只聚在一起的翠叶红颈凤蝶可能全都是雄性的。雌性翠叶红颈凤蝶更喜欢在雨林的花径中嬉戏玩耍。

阿波罗绢蝶生活在像阿尔卑斯山这样的高山地区，这是一种极其罕见的鳞翅目昆虫，因此受到了严格的保护。

婀娜多姿的逃生大师

虽然蝴蝶和蛾子看起来很脆弱，但它们的生命力十分顽强！地球上只要有生命存在的地方，鳞翅目昆虫都不会缺席。它们无视北极的寒冷，也不惧戈壁的炎热，甚至是对所有生命都极不友好的高山之巅，蝴蝶也似闲庭信步。在喜马拉雅山海拔 6000 米高的地方，有人还曾见到过凤蝶属蝴蝶！

崇山峻岭

高山地区夏季短暂，大风肆虐，昼夜温差大。蝴蝶要想在这里生存，必须能够适应高山环境。箭纹绢粉蝶和阿波罗绢蝶已经完美地适应了高山生活。它们的翅膀并不鲜艳闪亮，往往是黯淡的棕色或者黑色。深色的翅膀可以吸收阳光的能量，并转化为热能储存在体内，让身体快速升温。此外，很多在山地生活的鳞翅目昆虫都会穿上一件皮毛大衣，虽然有些夸张，但这些昆虫身上的鳞片比生活在其他地区的同类要长，可以抵御山地的严寒。当山上狂风大作，居住在这里的蝴蝶们知道不能硬扛，它们会瞄准最近的石缝小洞，一举飞到背风的缝隙中，把自己的翅膀收紧，躲过风头。因为山上的夏季很短，所以大部分居住在高山地区的蝴蝶每年只产一次卵。在寒冷的冬天，这些昆虫的后代会受到卵壳的保护，挺到第二年春天。也有一些鳞翅目昆虫会保持化蛹的状态，静静等待春天光临。

冰雪北极

北极苔原的冰雪世界里也会有蝴蝶来增添一些生气，和住在高山上的那群亲戚一样，它

这种蝴蝶名叫箭纹绢粉蝶，人们在喜马拉雅山和西伯利亚都曾发现过这种蝴蝶。

苔原
从西伯利亚一直向北延伸到极地冰原，到处一片荒凉，即使在这样恶劣的环境中，有些鳞翅目昆虫也能生存繁衍。

可口的粪便：在干燥少雨的地区，其他动物的粪便就是蝴蝶和蛾子重要的食物来源。

大象的粪便

北美黄纹
完美地□□□□
沙漠地区□□□□
环境，技□□□□
晚采集□□□□

们也有独特的生存技巧。 此外，它们只在阳光照耀北极的那段时间展翅飞翔，当雨雪肆虐或者寒风怒号时，它们就会躲在石头下寻求庇护。生活在北极的蝴蝶体内还有类似防冻剂的成分，即使在极地零摄氏度以下酷寒的环境中，也可以防止血液冻结。

骄阳似火

有些鳞翅目昆虫生活在炎热干燥的沙漠里，它们面对的问题与极地和高山上的亲戚们完全不同。白天，这些昆虫必须躲在阴凉处，避免阳光的直射。夜晚，它们会出来活动和觅食。挑食的昆虫在这样的环境里是无法生存的，因为水和植物在这里都极为稀缺。有些蝴蝶成虫完全不需要进食，这是沙漠中最实用的技能。北美黄纹弄蝶的幼虫喜欢吃一种叫丝兰的植物，它会在幼虫时期不停地吃，积累充足的能量，满足它在短暂成虫阶段的生存所需。还有一种鳞翅目昆虫会一直待在蛹壳里，直到某一天大雨浇灌这片土地，花儿四处盛放，它才会破蛹而出，然后吃饱喝足去谈恋爱。如果降雨量一直不够，它就会一直待在壳里，等上一年甚至更长时间。

哎呀，真是太热了！不过我们蛾子从不出汗。

知识加油站

▶ 灰蝶不用担心沙漠里炎热的阳光，因为它们的翅膀天生具有过热保护功能。

▶ 灰蝶的鳞片由所谓的光子晶体构成，这些光子晶体可以将一部分太阳光反射出去，具体而言，红色光会被鳞片吸收，而蓝色光和紫色光会被反射出去。

▶ 冷风习习的夜晚过去之后，灰蝶可以从清晨的阳光中获取热量，因为清晨的阳光中红色光比例较大。中午太阳照到地表的光线中蓝色光所占的比例越来越大，鳞片中的光子晶体会保护灰蝶不被晒伤。

鳞翅目昆虫 冬天都在干什么？

钩粉蝶

因为体内天生含有防冻剂，所以即使在极端寒冷的天气里，钩粉蝶也不会被冻伤。

夹竹桃天蛾

有时候，这些外来的蛾子会飞往北欧避暑。

夏天结束的时候，蝴蝶和蛾子也要与我们告别一段时间了。大部分鳞翅目昆虫在第一次结霜时就会死掉，有些会在冬天以卵、幼虫或者蛹的形态撑到春天，只有很少的蝴蝶和蛾子会以成虫的形态熬过寒冷的冬天。

保持冷静，耐心等待!

孔雀蛱蝶和荨麻蛱蝶是冬眠的鳞翅目成虫，它们会在冬天即将到来时在树堆、洞穴、阁楼或者棚屋中寻找一个避风港湾，然后进入冬眠，几个月里不吃不喝，一动不动，降低身体的能量消耗，以维持生命状态。到了第二年春天，这些蝴蝶会从冬眠状态中苏醒过来，恢复活力。当天气逐渐变暖，慢慢苏醒的蝴蝶们一批批地飞出冬眠的庇护所。钩粉蝶是蝴蝶中的狠角色，这种蝴蝶即使在冰天雪地里也会直挺挺地把自己挂在枝头，因为它有御寒绝招——防冻剂! 和它们的北极亲戚一样，这种蝴蝶的体内也含有甘油，因此在极寒的天气中血液也不会结冰。除此之外，在寒冬到来之前，钩粉蝶会将身体中多余的水分排出体外，这也是它防止身体结冰的办法。即使气温达到零下十摄氏度，这种蝴蝶仍然可以顽强地活着，真厉害!

迁移途中的蝴蝶

科学家对鳞翅目昆虫的迁徙很感兴趣，他们想知道黑脉金斑蝶和小红蛱蝶的迁徙路线，以及迁徙途中会经历什么。但是长期以来，科学家们在研究蝴蝶和蛾子的迁徙过程中遇到了很多困难，因为无法用研究候鸟迁徙的方法（在鸟的脚上装上标记环）来研究蝴蝶和蛾子的迁徙。一些科学家也曾试图在鳞翅目昆虫的翅膀上贴上带有标记功能的贴纸，但只有极少数带有标记的昆虫们能被定位。不过，科学家们已经研究出更精巧的定位跟踪装置——昆虫无线追踪器。这种追踪器长约7毫米，重约200毫克，重量大约相当于黑脉金斑蝶体重的三分之一，这个重量对于一只柔弱的蝴蝶来说并不算很重。实验结果也表明，"定位背包"并没有让这些飞虫们背起来感觉太过吃力。

昆虫无线追踪器非常小，蝴蝶在飞行过程中不会受到这个装置的影响。

使用镊子和胶水，小心地将昆虫无线追踪器粘在蝴蝶的身体上。

在冬季到来之前，黑脉金斑蝶会从加拿大向南迁徙，等到第二年春天，再沿原路向北飞回加拿大。

创造纪录
4635 千米
一只雄性黑脉金斑蝶半年之内的飞行距离可长达4635 千米！

旅途中的蝴蝶

有些蝴蝶会像候鸟一样进行季节性迁徙。在寒冬来临之前，这些蝴蝶会聚集到一起，成群结队地向南飞。在迁徙途中，它们依靠山脉、海岸线、太阳的位置以及地球磁场来辨认方向。全球大约有200 种鳞翅目昆虫每年会在特定的时间进行迁徙，世界各地的人们都能观察到蝴蝶迁徙的现象。黑脉金斑蝶是蝴蝶迁徙的典型代表，它们夏天生活在北美洲北部，当天气转凉时，它们会迁徙到温暖的美国南部或墨西哥。数亿只黑脉金斑蝶同时向南飞去，有时候，一棵树上停栖太多中途休息的蝴蝶，它们的重量甚至会把树枝都压断。

世界各地都有迁徙的蝴蝶和蛾子吗？

世界各地都有大量的蝴蝶和蛾子往来迁徙，它们往往会在秋天飞往温暖的地方过冬，比如优红蛱蝶、小豆长喙天蛾和甘薯天蛾。长途飞行是小红蛱蝶的看家本领，它们往往会在北非过冬。为此，它们每年都要飞过阿尔卑斯山，翻越1000米以上的高山，然后还要飞越地中海。经过艰苦的飞行旅程，这些蝴蝶看上去奄奄一息，翅膀上伤痕累累，身上彩色的鳞片也大多残破不堪。在阳光明媚的南方，小红蛱蝶开始产卵，卵孵出幼虫，幼虫经历蛹化、羽化。到了第二年春天，新一代小红蛱蝶再沿着父辈南下的路线飞回北方。

黑脉金斑蝶在向南迁徙的途中有时会在树上休息，人们常常只看得见无数只蝴蝶，却看不见这些蝴蝶停栖的树木。

鳞翅目
昆虫之最

最毒

六斑地榆蛾

　　六斑地榆蛾身怀剧毒，它的体内含有大量氢氰酸，鸟儿和其他动物只要误食了它都会后悔不已，人类要是不小心误食了，也会危及生命。

最大

皇蛾

　　皇蛾是世界上体型最大的鳞翅目昆虫，它的翅膀面积可达 400 平方厘米，大小和成人一只手的尺寸差不多！这种蛾子主要生活在东南亚、中国南部和印度等地。皇蛾的幼虫大得有些吓人，身体长度可达 12 厘米。

最美

多尾凤蛾

　　在众多鳞翅目昆虫中，生活在马达加斯加的多尾凤蛾拥有绝美的外表。在众多鳞翅目昆虫爱好者眼中，多尾凤蛾长着五彩缤纷的彩虹色翅膀，是天底下最美的鳞翅目昆虫，它就像美丽的林间精灵，翅膀上的图案犹如太阳照射的光芒，鲜艳夺目，十分惹人喜爱。它的尾突雍容华美，斑斓绚丽。如果亲眼见到，你大概很难相信它是一种蛾子，很可能以为它是一种蝴蝶吧！

最长寿

钩粉蝶

　　柔弱的钩粉蝶是最长寿的蝴蝶，寿命长达十二个月。它们长寿的秘诀也着实令人咋舌：永远休息，一动不动！在夏季，刚刚破蛹而出的钩粉蝶精力消耗太多，它会选择大睡一觉，直到体力完全恢复。这一觉会一直睡到秋天，才再次醒来，然后在大吃猛喝一番之后，又很快进入冬眠。在两次长眠期间，钩粉蝶会停止新陈代谢，减少一切不必要的能量消耗。

小豆长喙天蛾

　　小豆长喙天蛾一分钟内可以吸取100朵花的花蜜，一天就可以扫荡几千朵花！毫无疑问，这种小蛾子时时刻刻都饥火烧肠。它每秒钟拍动翅膀的次数高达90次，这意味着它需要大量的食物能量供给才能维持这么大的运动量。当它吸食花蜜时，会忽上忽下忽左忽右，找准角度以便提高效率。有时候它甚至会倒着飞，因此，很多人会把这种振翅速度奇快又能倒着飞的小东西误认为是蜂鸟。

最小

小蓝灰蝶

　　如果几十上百只小蓝灰蝶迎着人群的方向飞来，那么这群人中鼻孔大的那几位就得小心点儿，别一吸气就把蝴蝶吸进身体里。这种体型极小的蝴蝶翅展只有6毫米，最大也只有9.5毫米。这种蝴蝶主要产于阿富汗，以当地特产的一种百里香属植物为食。现在，这种植物已经越来越少，所以最小蝴蝶的名号可能不久后就会"另有其蝶"了。

最快

甘薯天蛾

　　甘薯天蛾的飞行速度可以超过高速公路上快速行驶的汽车速度。它的翅膀扇动速度非常快，飞行速度最快可达每小时100千米。不过，它的平均飞行速度大概只保持在每小时50千米左右，但这个速度也已经相当快了。

粲然可观的巨著：玛丽亚·西比拉·梅里安的版画蝴蝶堪称真正的艺术瑰宝！

受玛丽亚·西比拉·梅里安系列著作的影响，约翰·罗塞尔·冯·卢森霍夫也对蝴蝶的研究和绘制产生了浓厚兴趣，并选择了以此作为毕生的事业。

版画就像照片一样：画中彩色的蝴蝶幼虫和蛹纤毫毕现，栩栩如生。

研究鳞翅目昆虫

从蒙昧时期到现在，鳞翅目昆虫始终激发着人类的好奇心，一代代著名的科学家从没停止过研究它们从幼虫转变为成虫的过程。直到今天，人们依然痴迷于探寻这种动物的秘密，这是很多人终生的事业，也是很多人一生的爱好。

世界上首位女蝴蝶专家

你知道女科学家和女探险家吗？这是当然的，现代女性在科学研究方面作出了巨大的贡献。但是在鳞翅目昆虫研究先贤玛丽亚·西比拉·梅里安生活的时代，女性要是对科学充满好奇，对探险充满兴趣，简直就是离经叛道。但玛丽亚·西比拉不囿于世人的偏见，她对科学的执着精神深受全世界后辈学者推崇。当她还是个十二岁的小女孩时，就对蝴蝶和蛾子产生了浓厚的兴趣。小姑娘抓紧每一刻收集幼虫，兴致盎然地观察它们怎么变成长着翅膀的精灵。但在当时的人们看来，鳞翅目昆虫就是一种恶心又怪异的东西。玛丽亚·西比拉·梅里安的妈妈发现女儿花那么多时间观察虫子，觉得一个小姑娘有这样的爱好实在是太胡闹了。

走向南美！

这位坚毅的昆虫迷面对周围的流言蜚语不为所动。成年之后，她继续研究鳞翅目昆虫，并在日志中记录她的观察结果。她是第一个记

玛丽亚·西比拉·梅里安
（1647—1717）

她是最早探索蝴蝶生命历程的女科学家，为了研究这种动物，她曾经到南美洲进行科研考察。

录鳞翅目昆虫从受精卵转变为幼虫，再经历蛹化和羽化，最后成为翩翩起舞的蝴蝶或者蛾子的人。

玛丽亚·西比拉不满足于在家乡进行研究。1699 年，她开始了第一次远行探险。那一年，她登上了一艘开往南美洲的商船，只身前往苏里南探寻热带地区未知的蝴蝶。为了揭开更多蝴蝶的秘密，她和当地的印第安人在丛林中四处探索了几个月。在她之前，从没有人如此投入地去研究那些不起眼的鳞翅目昆虫！

在南美洲辛苦研究动植物两年之后，这位女探险家返回欧洲。她整理了在地球另一边的工作记录，并将她的发现编成一本书，还举办了一场大型展览，向人们展示她带回来的动植物写生，这些展览品令人惊叹不已！人们在看过玛丽亚·西比拉·梅里安的绘画作品之后，对往日心中怪模怪样的昆虫有了全新的认识。

一起研究鳞翅目昆虫

如果你也想开始研究蝴蝶和蛾子，那么你需要一些工具。首先是一个带手柄的扑蝶网，用它捕捉蝴蝶或者蛾子的时候，不会将它们弄伤。你还需要一个放大镜，将捕获的蝴蝶小心地放在放大镜下观察，你可以发现很多之前难以发现的细节。使用图鉴指导手册可以帮助你辨认出眼前的蝴蝶或者蛾子。也许你想把观察所见都记录在笔记本上，比如你看到的这只昆虫是什么样子，它是如何生存的。在写科学观察日志的时候，还需要将当时的日期和天气情况都记录下来。再准备一台相机，给你观察的昆虫拍个照。最后，你要做的就是让你的观察对象再次飞回大自然。鳞翅目昆虫的幼虫也是不错的研究对象。但是要注意，幼虫其实和成虫一样脆弱，所以在观察期间尽量不要用手去触碰它。如果想近距离观察，最好将它和它身下的叶子或树枝一起移动。

那些想饱览国外的蝴蝶和蛾子的人现在也无须越过高山大海，因为很多地方都有蝴蝶博物馆，那里有各种标本，也有活着的蝴蝶在大玻璃仓里飞舞。

幸好这种方式已经过时：
制作和收藏蝴蝶标本

在大约两百年前，收集鳞翅目昆虫的标本在欧洲开始流行，一时之间成了很多人的爱好。从白发苍苍的老人，到天真烂漫的儿童，人们拿着扑蝶网到处捕捉蝴蝶，收集各种色彩斑斓的品种。蝴蝶迷们先用麻醉剂将这些蝴蝶杀死，用针将它们钉在木板上，然后把这些收藏品小心翼翼地放在玻璃盒子里，挂在墙上，像欣赏艺术品一样反复玩赏自己的蝴蝶标本。幸运的是，现在这种爱好已经不再流行，只有科学家在进行昆虫研究时才偶尔会将它们制成标本。

先制作标本，然后反复观赏：收集蝴蝶和蛾子的标本曾经是一项非常流行的消遣活动。

如果你想看昆虫标本，最好去博物馆或者动物园，比如德国巴伐利亚州立动物园，那里收藏了大约一千万只蝴蝶！

如何给鳞翅目昆虫取名？

鳞翅目昆虫的名字千奇百怪，它们的名字从何而来呢？大部分情况下，昆虫学家会根据发现的鳞翅目昆虫的典型特征给它们取名字。比如蓝灰蝶，这种蝴蝶翅膀正面呈蓝色，翅膀反面呈灰色，翅膀的颜色赐予了它这个名字。枯叶蝶是自然界的伪装大师，它的翅膀呈叶柄和叶尖形状，翅膀反面呈枯叶色，有几条酷似叶脉的斜线，两翅合拢停栖在树枝上时，就像一片将要凋谢的枯叶，于是它就得到了这个形象的名字。

欧洲地图蝶

欧洲地图蝶主要分布于欧洲，它翅膀下侧的形状就像是一幅城市地图，太难以置信了，但有图为证，眼见为实！

豹灯蛾

幼虫毛茸茸的体毛就像豹子的绒毛，成虫翅膀上布满了颜色鲜艳的斑纹，就像豹子全身的花纹。作为夜行性昆虫，它还具有趋光性，所以取名为"豹灯蛾"。

白钩蛱蝶

白钩蛱蝶本种有春型和秋型两类，不同类型的色彩和外形也有较大的差异。春型翅膀正面呈黄褐色，秋型翅膀正面略带红色，春型和秋型的翅膀反面均呈黑褐色。双翅外缘的角突顶端春型稍尖，秋型浑圆。但后翅反面均有"C"形银色纹，看起来就像白色的钩子。

夜蛾

听到这个名字，你大概就猜到它喜欢夜晚活动了吧！这类昆虫体形呈三角形，翅膀多呈灰褐色，也有些种类色彩鲜艳，密生鳞毛。它们喜欢在傍晚和夜间飞行，正是因为这种生活习性，故得名"夜蛾"。

黄白舟蛾

黄白舟蛾翅膀颜色呈黄白色，是绝妙的伪装色。它的幼虫静止时借助腹足固定，头尾翘起，受惊时臀部和胸部会朝着身体上方扭动，将身体不断弯曲，形状就像荡漾的小舟。保持扭曲的身体姿势非常不舒服，但为了伪装和保护自己，它们必须弯曲身体，让自己看上去像一片碎叶。肤色和体形让它得名"黄白舟蛾"。

名字源于传说！

鳞翅目昆虫是昆虫纲中的第二大目，它们的身体和翅膀上覆盖着大量的鳞片，所以取名为鳞翅目昆虫，主要包括蛾、蝶两类。它们分布范围极广，以热带种类最为丰富。你知道英语中蝴蝶名字的来源吗？英语中的蝴蝶（butterfly）是由黄油（butter）和苍蝇（fly）两个单词构成，在中世纪时期，人们经常看到一些飞虫喜欢停在黄油上，并在上面吸取营养物质，后来这种飞虫就被命名为蝴蝶（butterfly）。

蝴蝶的变态行为被塑造成众多民间传说，相传这些蝴蝶都是由巫婆变来的。

恶魔的守护者和死神的信使

在漫长的中世纪，关于蝴蝶和蛾子是邪魔的传说层出不穷。一些人相信巫婆会幻化成蝴蝶或者蛾子的形状飞入别人家里，去偷食奶油和黄油。此外，还有人相信，牛奶被巫婆变成的飞虫接触之后都会变成穿肠毒药！除此之外，蝴蝶还被视为恶魔的守护者和死神的信使。在中世纪时期，鬼脸天蛾常常令人骨寒毛竖，魂飞胆裂。这种蛾子的胸部有一条浅色的斑纹，看上去就会让人联想到交叉的股骨上摆着一颗骷髅头的恐怖画面。相传，如果谁的家里飞来一只蛾子，那他就活不太长了。时至今日，还有人相信这些阴森可怕的迷信传说，有些惊悚的电影中还经常能看到编剧利用鬼脸天蛾营造恐怖气氛。所有这些离奇的传说都不是真的，蛾子并不会任何魔法，也不会带来厄运。

灵魂的象征

在不同的国家、地区和时代，关于蝴蝶和蛾子的传说一直流传至今，它们并不是在每个传说中都是灾祸的象征。在很多文化中，这些色彩斑斓的昆虫是永生的象征，因为在古人看来，这种翩翩飞舞的美丽生物是已经死掉的虫蛹获取新生，重返世界。在阿兹特克帝国的文化中，蝴蝶女神伊兹帕帕洛特是天堂的创造者，人类就是从天堂中从无到有，从少到多，不断繁衍壮大的。古希腊人崇拜蝴蝶，并将其列为人类灵魂的象征，希腊语中的"灵魂"一词也可以指代"蝴蝶与蛾子"。在基督教的教义中，蝴蝶代表着复活和来世。如果行走在墓地中，仔细看看墓碑，你会发现有些墓碑上刻着蝴蝶和蛾子的图案。

蝴蝶和蛾子象征着不死之魂，它们的形象经常出现在墓碑上。

令人毛骨悚然的图案，鬼脸天蛾的胸上有一幅骷髅头图案。

骷髅头

▶ 你知道吗？

在英语里，人们常说："你肚子里有只蝴蝶！"或者某个人说："我肚子里有只蝴蝶！"这是什么意思呢？什么时候会这样说呢？当你特别兴奋或者有了心上人，这时候你就可以说："我肚子里有只蝴蝶在啪嗒啪嗒扑腾。"意思就是坐卧不宁，心怀忐忑。

制造丝绸的材料

数千年来，亚洲人一直在生产珍贵的丝绸。图中描绘的是缫丝女工正在检测蚕茧。

昆虫吐出的丝线是珍贵的丝绸原料！具体地说，丝绸原料来自某种鳞翅目昆虫幼虫吐出的丝线。中国人是最早的丝绸制造者，他们会用桑叶喂养上百万条桑蚕幼虫，然后从桑蚕茧中抽出大量的蚕丝，制成各种面料光滑的绫罗绸缎。

丝绸是如何发明的？

在大约 4700 年前，中国人揭开了丝绸制造的秘密。相传，轩辕黄帝元妃嫘祖（西陵氏之女）在皇宫花园里散步时看到桑蚕在吐丝作茧，便开始仔细观察。嫘祖从茧中抽出大量蚕丝，并用蚕丝作为原材料织造各种丝织物。蚕丝制成的丝绸面料精致闪亮，触感光滑细腻，历代皇帝从头到脚都穿着丝绸制成的衣服。为了纪念嫘祖发现了养蚕缫丝技术，后人尊奉她为"先蚕圣母"。

像金子一样珍贵

当人们制造出世上无双的精美之物时，他们总是会想尽办法保守制造秘方，使其成为不传外人的独门绝技。中国历朝历代都制定了严格的法律，凡是试图将桑蚕走私出中国的外国人，一旦被抓住，将被处以死刑。因此，欧洲人和阿拉伯人都无法在自己的国家生产蚕丝和丝绸。在成百上千年里，出口到欧洲和中东地区的东方丝绸非常稀少，是像金子一样珍贵的物品。公元 555 年，东罗马帝国皇帝尤斯提连用计骗过了中国检查走私物品的官员。他派两名传教士到中国去朝圣，并赠予他们两柄特制的空心手杖。这两名传教士到了中国之后，将桑蚕的卵和桑树的种子藏在手杖中，顺利通过了中国边关检查，回到君士坦丁堡的宫廷向东罗马皇帝复命。自那时起，欧洲人和阿拉伯人才开始自己制造丝绸。

蚕宝宝，会吐丝的蚕宝宝！

要想让蚕宝宝吐丝，首先得让它们吃饱。可是，这并不是个简单的任务。要让蚕宝宝吐

虽然桑蚕幼虫体形很小，但是它们特别能吃。桑蚕宝宝最爱吃的食物是新鲜的桑叶！

幼虫已经变成蛹，由数千米长的丝缠成的桑蚕茧必须先彻底烘干。

出 500 克蚕丝，必须在它们蛹化之前先给这些吃货准备差不多 12 吨桑叶！当桑蚕吐丝作茧时，它们会从口器旁的两个小腺体中吐出细细的液体，这些细细的液体会在空气中凝结成细细的丝线。一只桑蚕每分钟大约能吐出 15 厘米的蚕丝，在一个完整的蚕茧中，蚕丝的长度最长可达 3000 米。

从茧到衣服

蚕从开始吐丝到结茧，到完全将自己包裹在茧里，最多需要三天时间。结茧完成后，蚕场的女工们将蚕茧收集起来，然后将这些蚕茧投入沸水里，或者用水蒸气喷这些蚕茧。这样做的目的是将蚕茧中把蚕丝粘在一起的丝胶用沸水或者水蒸气溶掉，并杀死蚕蛹。细丝慢慢合成较粗的丝线，然后将丝线卷成卷，染色。染过颜色的丝线就可以编制成光洁绚丽的绫罗绸缎了。织造一件衣服大约需要 1700 颗蚕茧，现在你知道为什么丝绸那么贵了吧。

这个步骤就是将很多蚕茧放入大锅中，用锅里的沸水把蚕蛹杀死，同时将蚕茧中的丝胶溶掉，只剩下蚕丝。

蚕宝宝不仅外形可爱，而且全身是宝。

➡ **你知道吗？**

因为中国的桑蚕蛾已经被人工培育几千年，专门生产蚕丝，这种蛾子在大自然中已经无法生存，它们已经不会飞了。

5

不可思议！

蚕丝具有极强的抗撕裂性，由蚕丝织成的绳子甚至比同等粗细的金属绳索负重更大。

丝条绕在丝络筒上，经过一系列技术处理之后，蚕丝就可以织成绸缎了。

3

4

夏天，一些七叶树的叶子已经变成了褐色。

叶子这么遭罪都是潜叶蛾惹的祸。这种蛾子的幼虫钻到叶子里，由内向外一顿狂吃，被蚕食的叶子会变黄变枯。

令人讨厌的幼虫

当你准备美美地吃上一顿早餐麦片，但突然看见麦片和葡萄干之间有黏糊糊的细丝，然后在麦片中看见了又肥又白的虫子，那可能是印度谷螟的幼虫。很多我们人类喜欢吃的食物，也非常对印度谷螟幼虫的胃口，这就是印度谷螟喜欢在我们的橱柜里产卵的原因。这些卵孵化出的幼虫会用它们坚硬的下颚将巧克力包装袋和饼干袋咬破，或者钻进面包里，然后在里面安逸地享用美食。如果这些幼虫没有被人发现，它们就会在壁橱里化蛹，然后羽化。某一天你像往常一样打开橱柜拿吃的，里面突然飞出很多蛾子来，你说烦人不烦人。

有个虫眼的苹果里藏着什么呢？里面藏着一个卷叶蛾幼虫。

令人头疼的害虫

除了偷吃点心和蔬菜的蛾子会令我们咬牙切齿，还有一些蛾子甚至喜欢吃我们的衣服，把毛衣和外套咬出一个又一个洞，真是让人头疼死了。花坛玫瑰上的卷叶蛾会在花园里吃出一条路来，叶挡吃叶，芽挡吃芽，甚至连花蕾也不放过，造成花园惨景的不是这种蛾子的成虫，而是它们的幼虫。对于农民来说，这些贪得无厌的幼虫会严重影响收成，因为这些害虫可能会对农田里的庄稼以及果园和菜园中的果蔬造成巨大的破坏。菜粉蝶的幼虫有时候会把整颗卷心菜都毁掉，蛀茎蛾喜欢啃食果树上的水果和它的树干。世界各地的人都讨厌欧洲玉米螟这类以农作物为食的昆虫，可是当人们用杀虫剂对付这些害虫时，诸如蜜蜂这样的无辜动物也会被农药杀死。

印度谷螟的幼虫在食物挑选上颇有品味，它们喜欢吃即食麦片、饼干和面条！

永无止境的胃口

有些鳞翅目昆虫的幼虫是森林守护者和公园管理员的心腹大患。你肯定曾经困惑过，为什么明明还是夏天，有些树上的叶子却已经所剩无几，潜叶蛾就是造成这种局面的罪魁祸首之一。在 20 世纪 90 年代，这种原本生活在地中海地区的蛾子逐渐进入欧洲，开始在这片土地上为非作歹。这种蛾子的幼虫像丝线一样细小，可以在树木的叶片上钻出一个个小孔，然后钻到叶子里面吃叶肉，被它们吃掉叶肉的叶子会慢慢变成褐色，渐渐开始枯萎。有的蝴蝶或者蛾子的幼虫会把整棵树上的叶子都吃光，甚至会把整个森林里所有的树木全都吃得只剩下光秃秃的树枝！大量的舞毒蛾幼虫甚至会在短时间内，将整片橡树林的橡树都削成光头。

欧洲玉米螟幼虫的胃口似乎永远填不满，对于这种害虫，世界各地的农民都谈之色变。

农民会喷洒杀虫剂来对付令人头疼的鳞翅目昆虫幼虫和其他害虫，但是杀虫剂也会杀死其他一些无辜的动物。

这是甘蓝夜蛾，这种蛾子的幼虫喜欢吃甘蓝，提起这种虫子，农民就恨得牙痒痒。

姬蜂就像雇佣杀手

有些蛾子总喜欢在橱柜里产卵，而那些地方人们平常也想不起来经常擦洗。如果被它们烦透了，你可能需要个帮手，这个能为人解决麻烦的帮手就是姬蜂！你可以在药店里买到这种小寄生蜂的卵，然后将其撒在橱柜里。在姬蜂孵化之前，雌姬蜂会寻找其他动物（寄主）的卵，用自己的产卵器将姬蜂卵注入寄主的卵内。八到十天之后，姬蜂卵完成孵化，生成新一代姬蜂。圆滚滚的小姬蜂生活在鲜活的移动粮仓里，每顿都吃得鼓鼓囊囊的。但姬蜂体型非常小，小到不会影响我们人类的生活。

鳞翅目昆虫的命运

回忆一下，你上次看到蝴蝶是什么时候？如果距离现在时间不太久，那说明你很幸运。蝴蝶现在已经越来越少了，原本生活在德国的鳞翅目昆虫中，有三分之二的蝴蝶和将近一半的蛾子都已经濒临灭绝。孔雀蛱蝶和荨麻蛱蝶比较幸运，还能找到足够的荨麻在上面产卵，养育下一代。但对于以百脉根属植物、香豌豆属植物和野豌豆为食的灰蝶而言，日子就没那么好过了，因为它最喜欢吃的这些植物已经在我们身边渐渐看不到了。类似于这种倒霉的鳞翅目昆虫还有很多。

饥肠辘辘的蝴蝶和蛾子

蝴蝶和蛾子没东西吃有几个原因：曾经的野地草甸现在都被开发成农田，种上了玉米和油菜；在公园里，人们种上了越来越多外来植物，但本地蝴蝶和蛾子吃不惯这些外来植物；原始森林中各种各样的树木比邻而居，但人造森林往往只会种植单一的云杉树种，因为造纸业和家具制造业需要大量的云杉木作为原料，而品种单一的人造森林往往只能容纳几种特定的动植物；人类不断修建新公路，建造新居住区和大型超市，占用了越来越多鳞翅目昆虫和其他动物的生存空间。长此以往，这种趋势对我们人类也将产生各种不利影响。我们需要蝴蝶、蛾子和其他昆虫，因为这些昆虫会给植物授粉，授粉后的植物才能生产出可供我们人类食用的果实。正是因为这些昆虫在苹果林和杏林间飞来飞去，帮助果树授粉，我们才能吃到新鲜的苹果和杏。

银灰蝶

银灰蝶喜欢生活在有豆科植物生长的地方，没有了豆科植物，它们也无法生存。

橙黄豆粉蝶

这种有着橙黄色翅膀的蝴蝶在欧洲几乎快要绝迹了。

豹纹蝶

豹纹蝶喜欢生活在沼泽地。随着越来越多的沼泽被破坏，这种动物也濒临灭绝。

栖息地渐渐消失

不仅生活在我们周围的蝴蝶和蛾子生存前景堪忧，在热带地区，因为人们对热带雨林索求无度，乱砍滥伐，几乎每一天都有若干物种从地球上永远地消失了。仅在巴西，过去40年中就有763000平方千米的热带雨林被人类的欲望吞噬了，它的面积比两个德国还大！

全球变暖让蝴蝶何去何从

受到全球气候变暖的影响，蝴蝶的生存处境步履维艰。这些年来，全球气候剧烈变化，一些蝴蝶和蛾子无法在短时间内适应新的环境，种群规模越来越小。那些喜欢在低温地区生活的鳞翅目昆虫，生存处境十分艰难，像豹纹蝶这些生活在高山地区和沼泽地区的蝴蝶生存前景尤为危急。而那些原本生活在干燥高温地区的蝴蝶和蛾子相对幸运，它们的生存空间可以不断向北扩展，其中的榆蛱蝶逐渐成为我们生活中的常客。原本每年冬天都会去南方过冬的优红蛱蝶觉得栖息地的冬季也十分暖和，就会选择不再迁徙。

烧烤架上的幼虫

人是鳞翅目昆虫的冤家，死在人手里的蝴蝶和蛾子不计其数，死法也五花八门。在有些地方，昆虫是人们心中的美味佳肴，是饭桌上的明星，这些明星包括各种昆虫虫蛹，其中也包括鳞翅目昆虫的幼虫。在泰国，竹虫是当地人非常喜欢的一种小吃；在墨西哥，人们将红龙舌兰虫放在龙舌兰酒里，以增加酒的香醇；在南非，人们每年都需要大约一百亿只生长在可乐豆树上的帝王蛾幼虫，其中有一部分做成了烧烤，还有一部分熬出了富含营养的粥。显然，这些小虫子吃起来的感觉比看起来的感觉要好！这些虫子是名副其实的健康食品，它们的肉里富含蛋白质、矿物质和维生素。

如果你想尝尝这些虫子的味道，心中不必过分担心和愧疚，它们不会因为被制成菜肴而灭绝的。

蛹

虫虫美食

世界上有大约二十亿人会时不时地吃些昆虫，大约1900种昆虫被确认为可以食用，而且它们都属于健康食品。

鳞翅目昆虫的生存空间

保护那些濒临灭绝的蝴蝶和蛾子其实并不需要费很大力气，我们的公园和阳台就可以给它们足够的食物和生存空间。除了会让花园和阳台变得更乱一点儿，我们并不需要操多少心。

为鳞翅目昆虫准备花园

鳞翅目昆虫和它们的幼虫不喜欢造型独特的灌木草坪，也不喜欢修剪整齐的品品玫瑰，所以精致的花园里很少看见这些飞舞的精灵。这些动物更喜欢各种野花、黑莓灌木和四处蔓生的荨麻。自然生长在这片土地上的各种凌乱的植物丛比修剪整齐的奇花异草更有利于昆虫们生儿育女，开枝散叶，因为那些奇花异草几乎不产花蜜。而且在花园和果园里，人们会在花草上喷洒杀虫剂，这会直接要了虫儿们的命。人们面临一个选择：如果不喷杀虫剂，花朵更丑，枝叶更稀疏，但到了夏天，色彩斑斓、形态灵动的蝴蝶就会四处飞舞。

芬芳馥郁的绿洲

虽然蝴蝶和蛾子并不愿意在阳台上定居，但是它们确实喜欢偶尔在阳台上休息，品尝花朵中甘甜的蜜汁。如果你没有花园，也可以将阳台收拾成蝴蝶的绿洲，阳台上散发芬芳气味的花草就是你最精心的请帖，比如花盆中的荻属植物、夹竹桃属植物或醉鱼草属植物都会吸引蝴蝶来访。蝴蝶也喜欢那些香料植物发出的味道，种着百里香、鼠尾草、墨角兰和薰衣草的阳台周围总有蝴蝶闻香而来。

蝴蝶眼中的美景

蝴蝶喜欢种有荨麻、野草和茂密灌木丛的花园。

好消息：最近几年，金凤蝶在我们身边越来越常见了。

蝴蝶保护区

为了让蝴蝶在你的花园安家，你可以种植一些蝴蝶喜欢的花草，为它们建造一个保护区！为此，你需要找到各种不同野花的种子，可以在草地上收集一些野花的种子，也可以到花卉市场去买现成的种子。春天，在你的花园里阳光充足的角落将这些种子种下去，最好在播种前将土地翻耕几次，这样花草才会长得更茂盛。头几周里，你需要给那块保护地浇水，并用防鸟网将其盖住，防止鸟把种子吃掉。市场上有一种包装好的配有营养物质的土疙瘩，里面种满了种子。你不用将种子从土疙瘩里挖出来，直接将土疙瘩浅浅地埋在你的保护区就行了。

蝴蝶旅馆

　　你可以修建一个供鳞翅目昆虫休息的旅馆，蝴蝶和蛾子可以在这个特殊的木箱子里躲避风雨。当天气变冷时，各种昆虫就可以隐藏在其中冬眠。如果你希望蝴蝶旅馆总是客满，可以将它挂在一个阳光明媚、鲜花环绕的地方。在地板上铺上五厘米厚的木刨花和树叶，招揽甲虫、苍蝇和蜘蛛光顾旅店，来这里冬眠。蝴蝶和蛾子不需要地毯，把地毯挂在旅馆的墙壁内侧就够了。你可以自己做一个或者改造一个木箱子，也可以在五金店或者宠物店买一个现成装配好的箱子制作蝴蝶旅馆。

在各种动物保护组织和环境保护组织中，你可以帮助濒危物种保护它们赖以生存的环境。

名词解释

小心，千万不要用手触碰这只小昆虫！这只六斑地榆蛾身怀剧毒，它的体内含有大量氢氰酸。

眼 斑：很多动物的身上长着一对酷似大型动物眼睛的斑纹，它们用这种伪装术把捕食者吓走。

氢氰酸：植物种子和果核中天然存在的毒物，六斑地榆蛾体内就含有这种剧毒物质。

几丁质：构成昆虫硬壳的固体物质。

角质层：昆虫的保护壳。

复 眼：由数百到数千只单眼组成的视觉器官。

化 石：存留在古代地层中，生活在 10000 年前的古生物遗体或遗迹。

代：出生和生活在同一时代的生物，有一些蝴蝶品种每年会有好几代蝴蝶出生。

甘 油：在植物中和一些蝴蝶体内发现的丙三醇，这种物质可以保护动植物不被冻死。

蜜 露：蚜虫排出的甘甜而有黏性的粪便，有些蝴蝶喜欢吃这种东西。

昆 虫：昆虫的身体可分为头、胸、腹三部分，成虫通常有 2 对翅和 6 条腿，翅和足都位于胸部，一对触角生长于头部，骨骼包覆在身体外部，一生多形态变化。蝴蝶和蛾子都属于昆虫。

茧：一些昆虫的幼虫在变成蛹之前吐丝或分泌某种物质做成的保护壳。有些蛾子会吐丝将自己包起来，吐出的丝会结成茧。

下 颚：昆虫的咀嚼工具。所有蝴蝶幼虫都有下颚，但只有小翅蛾成虫才有下颚。

变 态：昆虫从幼虫发育为成虫的过程中，其外部形态、内部结构、生理机能、生活习性及行为本能上发生一系列变化的总和。昆虫在生长发育过程中形态上要经过多次变化，多数种类都要经过卵、幼虫和蛹的阶段才可变为成虫。

拟 态：一种生物模拟另一种生物或模拟生存环境中的其他物体，从而获得好处的现象。

模 仿：本来不具有攻击性或毒性的动植物进化出让捕食者感受到危险的样子，人们称这种现象为模仿。

潜叶蛾科：这一科蛾子的幼虫钻入叶片表皮之下取食叶肉，疏通蜿蜒的虫道，它们是令人讨厌的害虫。

臀 足：位于幼虫身体末端的一对足，位置对应其他动物的臀部。

蛾 子：通常在黑暗中飞行且颜色较深的鳞翅目昆虫。它们的触角呈羽状或丝状。当它们停栖时，翅膀平放在身体两侧。

花 蜜：植物花朵中分泌出的含有糖分的汁液，可以吸引昆虫前来授粉。

入侵物种：对于某个地区来说，从其他地方迁移到本地的动植物物种就是入侵物种。

蛹：一些昆虫从幼虫成长为成虫的最后一种过渡形态。这个阶段只会出现在经历完全变态的昆虫中，成虫的身体会在这个阶段生成，幼虫的体形结构会在这个阶段瓦解。蛹有着坚硬的保护外壳。

丝 囊：鳞翅目昆虫幼虫头部的腺体，功能与蜘蛛吐丝的腺体类似。

蝴 蝶：通常在白天飞行的鳞翅目昆虫，翅膀颜色绚丽，有棒状触角。蝴蝶在停栖的时候，翅膀收拢合在一起，立于身体上方，此时人们可以看到蝴蝶翅膀内侧的图案。

气 管：分布于鳞翅目昆虫幼虫和成虫身体上的通气孔，昆虫体内的细胞通过气管获取氧气。

超声波：人耳无法察觉到的声波，蝙蝠通过超声波监测蛾子等猎物。

UV：紫外线的缩写，紫外线是人类无法用肉眼观察到的光线。

迁徙蝴蝶：定期从夏天的居住地迁徙到其他地区，以便在那里过冬的蝴蝶，最著名的迁徙蝴蝶是黑脉金斑蝶。

内 容 提 要

《美丽的蝴蝶》向昆虫爱好者介绍了鳞翅目昆虫的结构与习性，并提供了简易的鉴别方法，指导读者找出蝴蝶与蛾的属、种。《德国少年儿童百科知识全书·珍藏版》是一套引进自德国的知名少儿科普读物，内容丰富、门类齐全，内容涉及自然、地理、动物、植物、天文、地质、科技、人文等多个学科领域。本书运用丰富而精美的图片、生动的实例和青少年能够理解的语言来解释复杂的科学现象，非常适合 7 岁以上的孩子阅读。全套图书系统地、全方位地介绍了各个门类的知识，书中体现出德国人严谨的逻辑思维方式，相信对拓宽孩子的知识视野将起到积极作用。

图书在版编目（CIP）数据

美丽的蝴蝶 ／（德）尼科尔·兰蒂斯著 ； 张依妮译
. -- 北京 ： 航空工业出版社，2022.3（2023.7 重印）
（德国少年儿童百科知识全书 ： 珍藏版）
ISBN 978-7-5165-2901-0

Ⅰ．①美… Ⅱ．①尼… ②张… Ⅲ．①蝶－少儿读物
Ⅳ．① Q964-49

中国版本图书馆 CIP 数据核字（2022）第 025084 号

著作权合同登记号
图字 01-2021-6344

SCHMETTERLINGE Zauberhaft und farbenprächtig
By Nicole Röndigs
© 2016 TESSLOFF VERLAG, Nuremberg, Germany, www.tessloff.com
© 2022 Dolphin Media, Ltd., Wuhan, P.R. China
for this edition in the simplified Chinese language
本书中文简体字版权经德国 Tessloff 出版社授予海豚传媒股份有限公司，由航空工业出版社独家出版发行。

美丽的蝴蝶
Meili De Hudie

航空工业出版社出版发行
（北京市朝阳区京顺路 5 号曙光大厦 C 座四层　100028）
发行部电话：010-85672663　010-85672683
鹤山雅图仕印刷有限公司印刷　　　　全国各地新华书店经售
2022 年 3 月第 1 版　　　　　　　　2023 年 7 月第 2 次印刷
开本：889×1194　1/16　　　　　　字数：50 千字
印张：3.5　　　　　　　　　　　　定价：35.00 元

WAS IST WAS
德国少年儿童百科知识全书
船的故事
从独木舟到远洋邮轮
飞机的秘密
人类飞行的梦想
火山探秘
七大奇迹
上古时期的宝藏
汽车世界
精彩的汽车发展史
鲨鱼家族
海洋里的凶猛猎手
百变天气
阳光、风和暴雨
穿越大自然
探究与保护
鲸和海豚
海洋里的哺乳动物
恐龙王国
永远消失的地球霸主
矿物与岩石
闪闪发亮的宝藏
爬行与两栖动物
壁虎、林蛙和巨蜥
大自然的力量
难以估量的威力
改变世界的电
高电压与超导体
各种各样的鱼
水下的奇妙世界
猫的家族
拥有柔软脚爪的敏捷猎手
奇境森林
动物和植物的天堂
忠诚的狗
四只爪子的英雄
浩瀚宇宙
宇宙的秘密
狼的故事
走进荒野猎食者的领地
蚂蚁和白蚁
了不起的建筑师
美丽的蝴蝶
色彩斑斓的自然精灵
蜜蜂和胡蜂
美味的蜂蜜与可怕的蜇针
潜水的魅力
潜入水下的迷人世界
古老的希腊文明
诸神、英雄和诗人
古罗马生活
古罗马城的社会百态
欧洲风情
人口、国家和文化
骑士时代
城堡、比武大会和贵族女性
舞动的音符
走进音乐的奇妙世界
古老的城堡
中世纪的见证
熊的秘密生活
棕熊、大熊猫、北极熊
化石档案
生命的痕迹
奇妙的昆虫
六条腿的生存艺术家
极地世界
生活在冰雪王国
神秘的蜘蛛
丝线上的猎手
大象王国
温和的"巨人"
海底宝藏
沉没的宝藏
2023 NEW
海洋之谜
海洋研究与保护
2023 NEW
火星登陆
红色星球定居计划
2023 NEW
忙碌的农场
动物、植物与农业机械
2023 NEW
时尚魅影
时尚的古与今
2023 NEW
全球气候
冰期和气候变化
2023 NEW